AF341106

Congrès Scientifique de France,

SIXIÈME SESSION.

ESSAI

SUR

LA DISPOSITION GÉNÉRALE DES FEUILLES RECTISÉRIÉES,

PRÉSENTÉ

PAR L. BRAVAIS,

DOCTEUR EN MÉDECINE, MÉDECIN DE L'HÔTEL-DIEU D'ANNONAY (ARDÈCHE),
MEMBRE CORRESPONDANT DE LA SOCIÉTÉ PHILOMATIQUE DE PARIS,

ET PAR A. BRAVAIS,

DOCTEUR ÈS-SCIENCES, ANCIEN ÉLÈVE DE L'ÉCOLE POLYTECHNIQUE,
ENSEIGNE DE VAISSEAU ;
MEMBRE CORRESPONDANT DE LA SOCIÉTÉ PHILOMATIQUE DE PARIS, etc.

———————

Quelle que soit l'étendue des travaux modernes sur la botanique, l'organisation des végétaux supérieurs se présente à nous comme une mine féconde dont les richesses ne s'épuiseront jamais. L'ordre qui règne dans la position des feuilles et des nœuds vitaux sur les tiges, a toujours captivé les regards des plus profonds observateurs. Plusieurs ont pensé que la symétrie des plantes appartient à une construction géométrique régulière ; mais la multiplicité et la bizarrerie des formes végétales, en rendant très-difficile l'application de ce principe, a souvent mis en défaut les plus brillantes théories. Cependant l'harmonie existe partout dans les êtres créés : là où elle est aperçue, elle nous remplit d'admiration; là où elle se dérobe à nos regards, nous devons redoubler d'efforts pour la découvrir.

Par des recherches spéciales, nous sommes arrivés à ce résultat, que la plupart des feuilles alternes ne sont point rangées en lignes verticales, mais restent solitaires dans leur lieu d'insertion, aucune des suivantes ne pouvant jamais les recouvrir. De là l'apparence spiralée de ces feuilles, de quelque manière qu'on les regarde; de là le nom de curvisériées que nous leur avons donné. Cette propriété est la conséquence nécessaire de l'angle irrationnel ou incommensurable qui écarte ces feuilles dans leur spire génératrice, et ne leur permet pas de toucher deux fois la même ligne verticale. Par opposition, nous avons appelé feuilles rectisériées, celles qui sont superposées et dont le système entier se compose ou d'un nombre constant de feuilles alternes, ou d'anneaux rangés par étages et entrecroisés. Ce sont les feuilles distiques, tristiques, quinconciales, opposées, ternées, quaternées et verticillaires enfin.

Il existe un grand nombre de systèmes rectisériés connus; nous ne voulons pas les examiner tous en détail; notre tâche serait immense. Mais nous essayerons d'esquisser leurs lois les plus générales, de montrer comment ils se succèdent les uns aux autres, et comment leur organisation est explicable par les notions élémentaires de la géométrie. Lorsque nous dirons que les feuilles d'un même système sont unies entr'elles par une ou plusieurs spirales, nous ne prétendrons point que ce soit à l'aide d'un lien fibreux ou vasculaire. La spirale est une ligne *fictive*, une abstraction de l'esprit par laquelle nous nous rendons compte d'un certain rapport qui enchaîne les feuilles voisines; c'est une opération de l'entendement qui nous sert à généraliser un grand nombre de faits observés.

Nous avons démontré ailleurs combien un seul système, le curvisérié ordinaire, engendre de variétés d'organisation lorsqu'il se conjugue, lorsqu'une tige fournit des rameaux homodromes ou antidromes, lorsque l'inflorescence se développe tantôt en cîmes hélicoïdes ou à spirales de même nom, tantôt en cîmes scorpioïdes ou à spirales différentes, tantôt en sarmentides, en thyrses en épis, etc. ; mais si nous examinons la réunion de plusieurs systèmes sur une même plante, quelle variété infinie de formes et de structures se présente à nos regards ! Ainsi l'ordre curvisérié précède ou suit la plupart des autres. Il précède l'ordre distique, tristique, quinconcial dans les cactus ; il suit le quinconce dans le tulipier, la décussation dans l'épi floral de la circée. Le distique précède le système terné dans les iris, dans le calice de quelques magnolias ; la décussation précède souvent les systèmes ternaires, quaternaires ; les rameaux des cactées changent souvent d'une rangée en plus ou en moins, et les systèmes les plus divers peuvent se succéder de mille manières, surtout dans les parties condensées des fleurs.

Pour distinguer tous ces systèmes, nous compterons d'abord le nombre des feuilles qui se répètent dans leur superposition, ou celui des séries verticales dont se compose une tige feuillée. Ainsi les axes distiques, tristiques, ternés, etc., ont 2, 3, 6... lignes verticales, ou sont composés d'aggrégations de 2, 3, 6.... feuilles. On ne doit pourtant pas croire qu'un nombre donné de verticales présente une seule disposition. A la vérité, une seule espèce de divergence est propre aux tiges distiques et tristiques. Mais dans le système à quatre verticales, il existe déjà deux modes possibles d'arrangement, l'un ordinaire, la décussation ; l'autre caractérisé par une spirale dans un sens et trois dans l'autre. Pour une réunion de 5 verticales, on trouve aussi deux systèmes alternes ; pour 6 et 7 verticales, on en trouve trois ; pour 8 et 9, il existe quatre systèmes possibles, et ce nombre va toujours croissant avec des éléments plus nombreux.

Dans la description de plantes même vulgaires, les botanistes ont souvent négligé des détails importants. Lorsqu'une fleur d'iris est terminale à une tige distique, quelle idée se fait-on de la position de la corolle ? On peut concevoir cette fleur implantée de bien des manières à l'extrémité de sa tige, et cependant il existe une seule position qui lui soit naturelle. Beaucoup d'obstacles se présenteront à nous pour déterminer la place réelle des organes condensés, des étamines et des carpelles multiples. La présence des glandes et des nectaires dérange souvent la symétrie apparente des fleurs. Tous ces organes n'auront de valeur à nos yeux qu'autant qu'ils représenteront une feuille, un appendice réel, le produit d'un nœud vital déterminable. S'il était prouvé qu'on dût les considérer seulement comme des annexes des feuilles voisines, leur examen nous inquiéterait peu. Mais combien de fois n'est-il pas impossible d'apprécier la valeur de ces organes minimes, et de décider s'ils sont une feuille ou une partie accessoire, une glande, par exemple, de l'axe de la plante.

Dans l'étude des changements de système, nous arriverons par l'observation à ce fait général d'une extrême simplicité, qu'il n'existe ni lacune, ni espace perdu entre deux systèmes ; que l'un commence où finit l'autre. Les conséquences de ce fait sont très-nombreuses. Et d'abord si deux systèmes alternes se suivent, la dernière feuille de l'inférieur est le point de départ de la première divergence du système premier. Si le premier est suivi d'anneaux verticillaires, sa dernière feuille alternera avec deux feuilles de l'anneau supérieur, en faisant un angle égal à celui des spires génératrices du système verticillaire. Si le verticille précède au contraire le système alterne, alors une des feuilles verticillées sera le point de départ du premier angle du système alterne. Lorsque deux verticilles différents se succèdent, ou leurs nombres sont premiers entr'eux, ou bien ils ont un diviseur commun : dans le premier cas, une seule feuille du système inférieur est alterne entre deux feuilles du supérieur ; dans le second cas, il existera autant de feuilles alternes entre les deux verticilles que d'unités dans leur diviseur commun. Enfin, dans un rameau naissant, la feuille-mère est toujours le point de départ de la première divergence.

Toutes ces conditions doivent être rigoureusement remplies, afin qu'il n'existe aucun vide entre deux systèmes. Mais nous pourrions encore formuler cette loi d'une manière plus courte et dire : « Entre deux systèmes consécutifs, il existe autant de feuilles in- » termédiaires que d'unités dans le commun diviseur des nom- » bres des spires génératrices, au point de contact des deux sys- » tèmes. » Au reste, notre formule sera très-intelligible, lorsque nous l'aurons développée dans l'examen de chacun des systèmes rectisériés pris en particulier.

On peut classer ceux-ci d'après trois méthodes, comme nous le verrons à la fin de notre travail. Nous les distinguons ici d'après la nature de leurs divergences. Toutes sont des fractions variables de la circonférence; elles ont toujours pour dénominateur le nombre des verticales de la tige. Le numérateur change moins, mais il représente le nombre de tours entiers de circonférence que décrivent une ou plusieurs spirales génératrices pour arriver immédiatement au-dessus du point de départ. MM. Schimper et Alexandre Braun ont bien connu cette propriété des deux termes de la fraction qui mesure une divergence. Cette valeur, qui n'est qu'approximative pour un système curvisérié, est rigoureusement exacte dans l'appréciation des systèmes rectisériés.

Tous les systèmes spiraux ayant pour divergence de leurs feuilles les fractions de la circonférence $\frac{1}{2}, \frac{1}{3}, \frac{1}{4}, \frac{1}{5}\ldots$; tous les conjugués du disque ayant pour divergence $\frac{1}{4}, \frac{1}{6}, \frac{1}{8}, \frac{1}{10}\ldots$, appartiendront à notre première série. La seconde comprendra toutes les plantes à spirale unique dont les divergences sont $\frac{2}{5}, \frac{2}{7}, \frac{2}{9}, \frac{2}{11}\ldots$ ou des plantes ayant un nombre impair de verticales. Les motifs de notre préférence pour cette classification seront appréciés par la suite de notre travail. Commençons par les systèmes de la première série, et d'abord par l'examen des feuilles distiques.

CHAPITRE PREMIER.

EXAMEN DES SYSTÈMES $\frac{1}{2}$, $\frac{1}{3}$ ET DE LEURS CONJUGUÉS.

---

§ 1. *Des Feuilles distiques.*

Nous réservons le nom de distiques aux feuilles alternes, placées sur deux rangs opposés et qui sont exactement distantes de 180°. Elles se rencontrent dans les trois grandes classes de végétaux : les mousses, hépatiques, aroïdes, graminées, iridées, narcissées, légumineuses, amentacées, et en offrent de nombreux exemples

A. *Généralités.* — Les feuilles distiques sont tantôt tordues sur leur tige dans le même sens (camellias), tantôt opposées presque à même hauteur et à mérithalles inégaux (potamogeton densum, le bas des tiges de la fabagelle); souvent les deux rangées sont infléchies vers le même côté de la tige (légumineuses, tilleul); quelquefois elles se continuent dans les rhizômes (bulbes des monocotylédones distiques, menyanthes).

Une tige commençante ne présente pas toujours une superposition exacte des premières feuilles avec ses cotylédons. Ainsi, dans l'anagyris fœtida, zygophyllum fabago, melilotus lupulina, les premières feuilles et les cotylédons sont entrecroisés avec un angle plus ou moins voisin de 90°, quoique ces plantes soient partout ailleurs distiques. Il est difficile de se rendre compte de cette irrégularité sans admettre une sorte de torsion dans les fibres du bas des tiges, ou bien la même cause qui dévie les bourgeons des légumineuses, des amentacées distiques.

L'organisation distique est rare sur les fleurs; elle se rencontre quelquefois sur celles des graminées; nous croyons devoir lui rapporter la structure de l'anthoxanthum odoratum. (Voyez pl. 1, fig. 3). Chaque fleur se compose du dedans au dehors d'un ovaire, 2 étamines, 6 bractées distiques, presque toutes engaînantes. Nous avons représenté en a, b, c, d, e, f, les bractées avec leurs formes distinctives; g et h sont les étamines, i l'ovaire. La fig. 4 est la coupe transversale de la fleur. On ne peut méconnaître l'ordre distique dans les bractées; il se prolonge jusqu'à l'ovaire, s'il n'existe pas d'avortement d'étamines. Cette fleur est d'ailleurs évidemment terminale et différente des fleurs axillaires qui constituent les épillets de la plupart des graminées (1).

L'alopecurus pratensis a aussi des fleurs terminales précédées de trois bractées distiques. Voyez fig. 5. Les trois étamines et l'ovaire sont sur la même ligne. Est-ce une véritable organisation distique, ou bien la compression des parties est-elle cause de cet arangement? Si la fleur entière n'est pas distique, du moins elle est

---

(1) M. Raspail assure (*Annales des Sc. nat.*, t. V, p. 296) que les microlena stipoïdes et distichophylla sont organisées comme la flouve odorante.

précédée par trois écailles distiques. Qu'on les appelle lépicènes, glumes, paillettes, peu importe ; ce sont toujours, dans la famille des graminées, les analogues du calice et de la corolle des autres plantes.

Dans le riz cultivé, les fleurs sont aussi terminales : on rencontre d'abord trois bractées distiques ; la quatrième forme un verticille de trois pièces avec les deux lodicules. Les six étamines sont dans un cercle plus intérieur ; nous n'avons pu rigoureusement déterminer leur position (1).

B. *Passage du système distique à un système différent sur le même axe.* — La grande simplicité du distique se manifeste dans la manière dont il précède ou suit un autre système.

1° *Passage au système tristique, et réciproquement.* — Le premier passage se remarque sur les balisiers : la partie feuillée de leurs tiges est distique ; la première bractée de l'épi-floral est encore à 180° de la dernière feuille. Mais à partir de ce point commence une spirale de fleurs avec 120° de divergence. Dans les rameaux latéraux, on trouve d'abord trois feuilles engaînantes distiques, puis une quatrième encore distante de 180°, et portant la première cime de fleurs. La spirale de 120° commence à cette dernière bractée et sans lacune sur la tige.

Plusieurs épiphyllum à tiges triangulaires dégénèrent en lames distiques par la disparution d'une rangée verticale de nœuds vitaux ; la continuation de cette lame n'est pas différente des rameaux aplatis et primitivement distiques.

2° *Passage du distique au quinconce.* — Nous l'avons observé sur quelques épis mâles de maïs et du panicum miliaceum viride ; alors la dernière feuille de la tige ou le premier rameau florifère deviennent le commencement de la spirale du quinconce. Le même

---

(1) Outre les genres antoxanthum, alopecurus, oryza et microlœna, il est probable que nous en rencontrerions d'autres doués de fleurs, ou du moins de calices distiques, parmi ceux qui appartiennent à la première section des graminées du Mémoire de M. Raspail. D'après la description qu'il donne (*Loc. cit.*, p. 292 et suiv.) des genres zoygia, asprella, crypsis, cinna, les fleurs sont réellement terminales et non pas latérales comme sur les autres graminées.

passage s'observe sur les rameaux du mûrier blanc, qui présentent leurs premières écailles et feuilles inférieures dans un ordre distique. A partir de l'une d'elles, on trouve ensuite quinze, vingt feuilles et plus disposées en quinconce. D'autres rameaux sont entièrement distiques.

L'airelle myrtille offre une bizarrerie d'organisation telle que les rameaux aériens et feuillés sont toujours distiques ; mais la plupart des rhizômes ou des rameaux privés du contact de la lumière par la mousse ou les pierres qui les recouvrent, sont munis de petites feuilles blanches, abortives, comme les orobanches, et disposées en quinconce. Les feuilles 5, 10, 15 forment une série en ligne verticale. Les espèces voisines, vaccinium uliginosum, macrocarpum, ont leur feuilles curvisériées.

3° *Passage du distique au curviserié, et réciproquement.*—Les rhizômes distiques du convallaria maialis, bifolia, ményanthes trifoliata, les tiges de satyrion viride, ophrys ovata, fothergilla alnifolia, vignes, se terminent par des épis floraux curvisériés : la dernière feuille distique est le point de départ d'une spirale de de 137° $\frac{1}{2}$; les deux systèmes se suivent d'une manière immédiate.

Les fleurs curvisériées de camellia sont précédées de 6 ou 8 écailles distiques. Un rameau de cactus phyllanthus présentait 34 nœuds bien réguliers partout et distants de 137° $\frac{1}{2}$; mais le 35° nœud était éloigné de 180°, et suivi de 13 autres distiques bien conformés.

Un rameau de châtaignier présentait à son origine sept écailles ou feuilles distiques; à partir de la septième feuille commençait la spirale curvisériée ayant 14 feuilles pour sa pousse annuelle.

Cette réunion de rameaux distiques et curvisériés est fréquente dans la nature; le plus souvent les tiges centrales affectent le dernier système, tandis que le premier est réservé pour les rameaux latéraux. C'est ce qu'on observe dans les plantes suivantes : laurier-cerise, carmichaelia australis, xylophylla latifolia, ruscus racemosus, virgatus, medeola aspagaroides.... Le lierre présente une disposition inverse, les branches rampantes sont distiques et les rameaux aériens ou florifères sont curvisériés.

4° *Passage du distique à l'ordre terné.*—Cette conversion n'est pas rare; nous l'observons d'abord dans les espèces distiques de magnolia (Julan, acuminata, purpurea, cordata). Au-dessus de la bractée spathiforme qui enveloppe la fleur, se trouve le premier verticille de trois folioles, ou de trois sépales extérieurs. Le centre de la spathe se trouve au-dessous du milieu de l'espace de 120°, placé entre deux sépales, et par conséquent, de cette spathe partent deux divergences de 60° à droite et à gauche, divergences propres au système ternaire; en d'autres termes, la spathe alterne avec deux des trois sépales extérieurs. C'est conforme à la règle qui veut que la dernière feuille distique soit la première du système terné supérieur. Dans le magnolia fuscata, les fleurs étant axillaires et non terminales, sont précédées de deux bractées stipulaires engaînantes, et renferment seulement six pièces au calice.

Les calices ternés d'azarum europœum, aristolochia sipho, sont aussi précédés par des feuilles distiques, et d'après les règles ordinaires. Mais le passage au terné est surtout l'apanage de quelques fleurs terminales d'iridées, narcissées, liliacées. Les fleurs latérales des iris ont tantôt trois bractées, tantôt une seule adossée à la tige, accidentellement deux, quatre ou cinq. La position de la dernière d'entr'elles détermine celle de la corolle, et lorsque ce nombre de bractées est impair, cas le plus fréquent de tous, alors des trois pétales extérieurs, deux sont adossés à la tige, le troisième est inférieur et au-dessus de la feuille-mère. La même loi s'observe toujours dans les espèces où existent 2, 3, 4 fleurs successives, munies d'une seule bractée, et qui naissant les unes des autres forment des cimes distiques aninodales, comme dans morœa sinensis, iris sibirica, sambucina, pseudo-acorus, squalens, tigridia pavonia.

Les ixias, glayeuls, sparaxis, privés de fleurs terminales, ont aussi des bractées monophylles adossées à leurs tiges, et qui fixent la position des pétales externes, deux en haut, un en bas. Les bractées de ces fleurs offrent deux grandes nervures latérales séparées par une membrane très-mince, quelquefois fendue dans sa longueur. La glume interne de beaucoup de graminées offre aussi cette absence de nervures dans sa partie moyenne. La fente à diverses hauteurs de la bractée d'ixia ou babiana longiflora, nous prouve que l'ixia ou babiana plicata n'a point deux bractées sous-florales, mais une seule fendue jusqu'à sa base, et que la position des pétales externes de cette dernière fleur est fixée par une brac-tée bifide d'après les règles ordinaires.

Beaucoup de fleurs monocotylédones sont placées de même par rapport à l'axe de leurs tiges. Les unes sont dépourvues de brac-tées (orchis, ophys, satyrion, limodorum) ; peut-être dans ce cas, une bractée adossée à la tige manque. D'autres ont des bractées sous-florales, et il n'est pas facile de préciser leur position (hya-cinthus orientalis). Nous verrons plus tard l'influence des bractées latérales sur les fleurs ternaires.

5º *Passage du distique au système décussé ou quaterné.*—Une tige carrée ou décussée de cactus nous a offert une transition au distique. On voyait disparaître deux rangées verticales opposées ; le reste de la tige se prolongeait en une lame distique dont les nœuds s'élevaient à des hauteurs différentes, quoiqu'ayant été d'abord la prolongation de deux rangées diamétralement opposées.

Quelques fleurs d'iris lutescens et xiphioïdes nous ont offert, par anomalie, quatre pétales externes, quatre internes, quatre étamines, quatre loges ovariennes ; elles terminaient des axes dis-tiques en observant la loi ordinaire : la dernière bractée alternait avec deux pétales extérieurs ; d'elle partaient deux divergences de 45° comme dans les spirales du système quaterné.

Nous ne parlerons pas du passage du distique à des systèmes plus composés dans les aroïdes (*arum maculatum, dracunculus, calla ethiopica*). Le grand nombre de lignes verticales qui succè-dent à la spathe, dernière feuille de l'axe distique, rend la tran-sition des deux systèmes d'une observation trop difficile. Les exemples cités plus haut sont suffisants, sans doute, pour prouver que, dans le passage du distique à un système différent, sa der-nière feuille est le point de départ des divergences supérieures ; la transition réciproque a lieu d'une manière inverse.

C. *Passages entre des axes différents.* — Comme il est natu-rel de le penser, le plus grand nombre des rameaux distiques nais-sent de tiges organisées de la même manière. Et tantôt ces rameaux sont placés exactement dans le plan de la tige-mère (lierre, balisiers, aristolochia sipho); tantôt ils sont placés transversalement ou avec un angle voisin de 90°, soumis à une force inconnue et probablement à une sorte de torsion dans leur point d'origine (bourgeons de tilleul, platane, coudrier); tantôt, enfin, la première feuille étant adossée à la tige, les suivantes affectent peu à peu la position transversale (*tradescantia virginica, zea maïs*). La même cause, agissant en sens inverse sur une tige, produit le déjètement à droite des bourgeons d'un côté, et à gauche des bourgeons opposés (amentacées, légumineuses).

Le système curvisérié donne naissance à des rameaux distiques sur tous les arbres et arbustes cités au n° 3, avec le laurier-cerise. Les tiges curvisériées du mélianthus major fournissent, à l'aisselle de leurs feuilles, des épis distiques de fleurs. Les tiges quinconciales du myrtille commun ont, à la plupart de leurs nœuds, des bourgeons ou rameaux distiques.

Réciproquement, nous voyons des épis floraux curvisériés d'orobus vernus, cercis siliquastrum, chianthus puniceus, provenir de tiges distiques. Les fleurs de cactus phyllanthus, epiphyllum, les fleurs à deux bractées de l'orme, de statice spathulata, les châtons mâles du coudrier, platane, proviennent aussi de rameaux distiques; enfin, elles donnent aussi naissance à des systèmes plus composés de fleurs, ceux du mûrier, broussonetia. Dans tous ces cas, la feuille-mère est le point de départ du nouveau système et fixe la position de sa première divergence.

§ II. *Des feuilles tristiques.*

Nous n'éloignerons pas du système distique la description des tiges triangulaires, dont les nœuds vitaux suivent une spirale de 120°, ou du tiers de la circonférence. Ce mode est souvent réuni au système distique ou curvisérié; au reste, il est rare dans les plantes et plus fréquent parmi les monocotylédones qu'ailleurs. On observe cette organisation dans les cypéracées, les balisiers, les cactus triangulaires. Nous avions cru la reconnaître aussi sur le pandanus odoratissimus, parce que les feuilles terminales des tiges,pliées sur leur partie moyenne avec un angle dièdre de 120°, se recouvrent mutuellement, la quatrième exactement sur la première. Admettre que les feuilles de pandanus sont tristiques à leur base, parce qu'elles le sont à leur terminaison, ce n'est pas une conclusion rigoureusement juste. En effet, dans le cyperus papyrus, les feuilles inférieures sont triquètres : elles changent de système à l'ombelle et deviennent curvisériées. Les treize feuilles de cette ombelle, avant de s'épanouir, sont emboîtées mutuellement et forment une spirale égale à celle du système tristique. Dès qu'elles sont épanouies, on reconnaît que ces feuilles ont éprouvé une torsion à leur base et qu'elles sont réellement distantes de plus de 120°. Il pourrait en être de même sur le pandanus; pour résoudre la question de son organisation, un individu très-jeune devrait être examiné. Au reste, dans le cyperus papyrus, la spirale tourne dans le même sens au bas et dans le haut de la tige.

Les rapports qui unissent les tiges tristiques aux autres systèmes sont très-simples. La dernière feuille du tristique est la première de l'ordre suivant ; et lorsque ce système a une seule spirale génératrice, cette dernière est homodrome à la spirale tristique.

Dans les cypéracées, le tristique commence souvent dans la partie inférieure de la tige; il est propre à l'épi florifère des balisiers, comme nous l'avons indiqué plus haut. Nous avons vu la spirale quinconciale ou de 144° précéder, sur le cactus speciosissimus, une spirale triquètre homodrome à la première. Le système tristique précède le curvisérié dans l'épi terminal des carex brizoïdes, pallescens, panicea, etc., etc. La limite des deux systèmes existe à la première bractée de l'épi, soit androgyne du carex brizoïdes, soit mâle des deux autres espèces. Les spirales des deux systèmes consécutifs tournent toujours dans le même sens.

Les tiges triquètres présentent, à l'aisselle de leurs feuilles, des rameaux ou épis de systèmes fort différents. Ainsi, sans compter les épis de fleurs femelles du carex verna, évidemment tristiques, nous trouvons des épis latéraux évidemment curvisériés dans carex brizoïdes, pallescens; des épis femelles quinconciaux dans

carex panicea et hordeistychos; un système ternaire dans l'épi
femelle du carex limosa; des épis femelles à 10 et à 11 verticales
dans un carex indéterminé. Probablement, l'examen de beaucoup
de cypéracées tristiques ferait découvrir, à l'aisselle de leurs
feuilles, plusieurs autres systèmes recti ou curvisériés.

§ III. *Systèmes conjugués du distique.*

MM. Schimper et Braun regardent les verticilles des feuilles
comme des spirales aplaties et terminées, des anneaux à spire
circulaire, unis entr'eux à l'aide d'une divergence différente, qu'ils
nomment prosenthèse. D'après eux, la spirale d'une tige verticillée
est unique, mais à des angles qui varient entre les feuilles d'anneaux consécutifs. Ces angles conservent un certain rapport avec
ceux de la divergence des verticilles supérieur et inférieur. Ces
savants distingués admettent trois modes principaux d'organisation auxquels ils ont donné les noms de prosenthèse métagogique,
épagogique et proagogique. Cette manière de concevoir la symétrie des organes verticillaires, nous paraît opposée à la simplicité
de la nature. Elle introduit dans la science une foule d'angles et de
distances de feuilles évidemment secondaires et subordonnés, et
qui ne méritent pas les honneurs du premier plan dans le tableau
de la nature.

Dans le cours de nos travaux, nous sommes partis de principes
plus simples; nous n'avons admis pour spirales que celles qui réunissent des feuilles placées à égales distances entr'elles. Renonçant
à l'idée chimérique d'une spirale toujours unique, nous avons
reconnu des spirales multiples ou conjuguées. Par des recherches
nombreuses, nous avons ensuite vérifié qu'entre deux systèmes
différents, il n'existe pas de transition ni de divergences moyen-
nes, mais qu'ils se succèdent l'un à l'autre, chacun avec sa divergence propre, sans lacune ni intermédiaire.

L'existence des systèmes multiples a déjà été reconnue dans les
plantes du système curvisérié ordinaire. Dans l'ordre rectisérié,
ils jouissent de propriétés géométriques assez importantes que nous
allons énumérer.

Et d'abord, ils présentent dans les conjugués du distique des nombres égaux de spirales dextrorses et sinistrorses; on ne peut jamais ramener à une seule spirale à divergences équidistantes toutes les insertions végétales, mais on rencontre deux, trois, quatre, cinq spires génératrices similaires partant à même hauteur de la tige. La divergence de chacune d'elles est seulement $\frac{1}{2}$, $\frac{1}{3}$, $\frac{1}{4}$... moindre que celle du système élémentaire dont il est la conjugaison.

On trouvera peut-être arbitraire d'admettre en principe que les insertions végétales soient équidistantes dans toute spirale primitive ou secondaire. Mais, si on n'exclut pas les divergences inégales, il est impossible de coordonner systématiquement la symétrie des feuilles; l'esprit humain ne trouvera plus d'obstacle aux conceptions les plus bizarres sur l'harmonie de position des feuilles. Partant de principes différents de ceux des auteurs allemands, et pour éviter les écueils dans lesquels nous les croyons tombés, nous ferons dériver les dispositions décussées, ternées, quaternées, de celles du distique lui-même. On ne s'étonnera donc pas si nous nous rencontrerons rarement sur le même terrain.

Les botanistes n'ont jamais donné une raison convenable de l'arrangement des feuilles par anneaux alternes et entrecroisés. Peut-être serons-nous plus heureux dans notre explication. Essayons de représenter la symétrie des feuilles verticillaires en formant des systèmes bijugués, trijugués, quadrijugués, avec le distique modifié.

Sur une tige nue (voy. pl. 1, fig. 1), plaçons en A, B, C, des feuilles dans un ordre distique. Soit un second système distique, dans le même plan vertical, mais opposé au premier, en a, b, c. Pour arriver de la feuille A à B, et de B à C, menons deux spirales, l'une dextrorse, l'autre sinistrorse; joignons aussi entr'elles les feuilles a, b, c, notre tige sera parcourue par quatre spirales qui se couperont toujours deux à deux, d'abord en A, B, C, a, b, c, puis dans les points nouveaux A', a', B', b'. Plaçons quatre nouvelles feuilles dans ces intersections; les lignes qui unissent A' et a', B' et b', couperont à angle droit celles qui joignent A et a, B et b, C et c, étant rapportées à un même plan. N'avons nous pas ici la figure d'une tige à feuilles opposées, d'une labiée, par exemple?

Les spirales fictives qui réunissent les feuilles d'un même système sont tellement coordonnées, que leurs intersections sont toujours marquées par la présence d'une feuille; il n'existe pas de lacunes dans cet arrangement. La symétrie végétale repose sur ce principe d'observation. Dans une tige décussée, on embrasse toutes les feuilles par deux spirales dextrorses aussi bien que par deux spirales sinistrorses. Ce nombre ayant 2 pour commun diviseur (1), une spire génératrice unique est impossible; nous avons nécessairement un système bijugué ou à deux spirales primitives. Le système simple d'où il dérivera sera le distique. En effet:

. Les divergences d'un système bijugué sont deux fois moindres que celles du système simple (2). La distance angulaire de A à a' est évidemment l'angle droit. Donc, le système simple d'où provient cet arrangement aura pour divergence deux fois l'angle droit ou 180°, c'est-à-dire la divergence du distique.

Par des raisons analogues, le système terné est le trijugué du distique. En effet, dans une branche ternée, on réunit la totalité des feuilles par trois spirales dextrorses et trois spirales sinistrorses. Il est impossible d'imaginer une spire à divergences équidistantes qui embrassât toutes ces feuilles. Dans chaque spirale oblique, la divergence est évidemment de 60°. Or, ce nombre est précisément le tiers de la divergence de deux feuilles distiques. Mais les divergences d'un système trijugué sont trois fois moindres que celles du système élémentaire d'où il dérive. Donc, celles des tiges ternées s'expliquent très-bien par les lois du système trijugué du distique.

Construisons au reste à priori une tige ternée d'après les données précédentes. Soient A, A', deux feuilles distiques (voy. fig. 2, planche I.); plaçons à droite et à gauche de A, à la même hauteur et à 120° de distance, deux autres systèmes distiques

----

(1) C'est conforme au principe (C79) exposé ailleurs. Voir *Annales Sc. nat.* IIᵉ série, t. 7, p. 54.

(2) Voir *ibid.* p. 56, les motifs sur lesquels repose le principe (C109) que nous avons admis.

dont les premières feuilles soient B et B', C et C'. Unissons toutes ces feuilles deux à deux, par des spirales dextrorses et sinistrorses. Outre les six points d'intersections déjà connus, nous en aurons six nouveaux, a, b, c, a', b', c' ; en les garnissant de feuilles, nous aurons construit une tige ternée à quatre anneaux de feuilles verticillaires. La distance de A à b est évidemment 60°, ou le tiers de 180°. Ainsi, une tige ternée peut être considérée comme le résultat d'un distique trijugué.

Nous expliquerons, d'après les mêmes principes, la disposition des feuilles qui alternent 4 à 4, 5 à 5, 6 à 6, etc. Nous dirons donc en général :

« Parmi les systèmes rectisériés, tous ceux qui sont formés de » verticilles de feuilles placées 2 à 2, 3 à 3, 4 à 4... sont des sys- » tèmes à 2, 3, 4... spirales génératrices, ou des modifications du » système distique alors conjugué. »

Ce que nous venons de dire des conjugaisons du distique devra se dire de toutes les conjugaisons possibles des autres systèmes élémentaires rectisériés qu'on pourra découvrir dans la nature. On doit remarquer ici que tous les conjugués du distique ont, pour la divergence de leurs spires, une fraction de la circonférence ayant l'unité au numérateur, et au dénominateur les nombres 4, 6, 8, 10... qui sont ceux des verticales de leurs feuilles ; et ainsi ils rentrent tous dans la première série de divergences du règne végétal.

§. IV. *Des feuilles opposées ou décussées.*

Le système décussé étant la plus simple des conjugaisons du distique, nous l'étudierons en premier lieu et successivement dans les tiges, dans les fleurs, les calices, etc.

A. *Tiges décussées.*—Quelle que soit la forme des tiges à feuilles opposées, le plus souvent, leurs quatre rangées sont uniformes, et les gemmes qui en naissent semblables entr'eux. Les rhizômes eux-mêmes, par exemple, ceux du topinambour, sont soumis à cette règle ; mais il est des circonstances où l'organisation est différente.

Ainsi, dans justicia adanthoda, sur quatre séries verticales, quelquefois une rangée de fleurs ne se développe pas. Le stachys glutinosa fournit des fleurs par une seule des faces de sa tige; la voisine donne des rameaux à feuilles; quelquefois la face opposée à cette dernière produit des rameaux plus faibles. M. Decandolle (*Organ. vég.*, t. 1, p. 347) indique une discordance entre les feuilles opposées de ruellia anisophylla.

M. Poiteau a remarqué (*Ann. d'hortic.*, t. xv, p. 139) que plusieurs cariophyllées ont leurs gemmes développés en spirale, et par conséquent la moitié des feuilles est privée de bourgeons. Nous avons vérifié ce fait dans les lychnis calcedonica, dioica, alsine media, sagina procumbens, galium saccharatum.

La décussation est très-inexacte dans certaines plantes. Ainsi, dans les tiges à fleurs du sagus raphia, nous remarquons que les bractées opposées, au lieu de se souder à leur base, sont toutes deux amplexicaules et se recouvrent mutuellement. Dans les épis floraux d'euphrasia lutea, odontites, il n'est point rare de trouver un écartement de plusieurs lignes entre les bractées opposées, mais avec une régularité marquée tout le long des tiges.

Dans les eucalyptus robusta, populifolia, l'écartement est encore plus considérable; il faut examiner les rameaux naissants pour reconnaître leur décussation. Les deux premières feuilles sont placées transversalement l'une plus haute que l'autre, et tantôt c'est la droite qui est inférieure, tantôt c'est la gauche. Des deux feuilles suivantes, 9 fois sur 10, c'est l'antérieure qui précède la postérieure et se trouve alors au-dessous d'elle. Toutes les autres feuilles se succèdent dans le même ordre que les quatre premières. L'écartement des feuilles opposées, moindre d'abord, devient très-considérable dans le rameau développé. La feuille supérieure reste accolée contre l'axe long-temps après que sa correspondante s'est détachée de la tige en prenant une direction horizontale. De l'arrangement précédent résulte une spirale avec des angles alternatifs de 180° et 90°, spirale tantôt dextrorse, tantôt sinistrorse, spirale qui ne ressemble en rien aux spirales à nœuds équidistants que nous avons seules admises dans nos démonstrations. Mais si, par la pensée, nous rapprochons deux à deux et à même hauteur toutes ces feuilles, nous aurons dans les eucalyptus deux spires génératrices, comme dans les autres tiges décussées.

Quoique les feuilles opposées aient souvent un développement égal, leurs fleurs axillaires n'épanouissent pas toujours en même temps; ainsi les nœuds sont inégaux en force vitale. Nous avons vu souvent les fleurs opposées des labiées, personnées, s'ouvrir l'une après l'autre, même à plusieurs jours d'intervalle, surtout lorsque le froid retarde la végétation. Bien plus, l'ordre de succession des fleurs forme quelquefois une spirale régulière conforme à celle que nous venons de mentionner sur les eucalyptus (*galeopsis tetrahit, teucrium chamædrys, euphrasia lutea*).

B. *Fleurs décussées.* — La famille des fumariacées (Decand) est la seule à notre connaissance dans laquelle les organes floraux soient toujours décussés. Parmi un grand nombre d'espèces à feuilles alternes, on en cite une (*fumaria oppositifolia*) à feuilles décussées; et dans ce cas, sur la tige entière, toutes les parties foliacées suivent le même système.

Lorsque le calice et la corolle d'une plante ont la même organisation, il est souvent impossible de fixer leurs limites respectives. C'est ce qui arrive dans les fleurs des fumariacées, dans celles de l'hypecoum procumbens qui leur ressemble beaucoup. D'abord, plusieurs genres ont deux bractées sous-florales placées transversalement (*fumaria, adlumia*); d'autres en sont dépourvus (*corydalis, sarcocaphos, cisticaphos*). Puis viennent toujours deux pétales ou sépales externes placés ÷, deux internes ⋅—⋅; puis deux étamines à anthères biloculaires, plutôt développées que les suivantes, et placées ÷; ensuite, quatre filets à anthères uniloculaires transversalement placées; les deux valves de la silique sont ÷, et souvent on trouve deux placentaires transversaux non soudés et portant les graines (1).

---

(1) M. Bernhardi (*Ann des Sc. nat.*, 2ᵉ série, t. III, p. 357) admet dans les fumariées et dans l'hypecoum deux rangs, chacun de quatre étamines, alternes entr'eux. Nous n'admettons pas ce rang supplémentaire dont rien n'indique l'avortement. Nous n'avons pas vu les glandes dont il parle dans l'hypecoum procumbens, et cette fleur nous a paru organisée avec le même nombre de pièces que les fumariées.

Le genre diclytra, après deux bractées transversales, a encore deux autres bractées verticales, et par là le reste de la fleur est reculé d'un anneau sur l'axe, les autres organes restant tous en décussation. Si les deux premières bractées ont des nœuds fertiles, il en résulte des cimes orthogones (*diclytra formosa*, *adlumia cirrhosa*).

Il existe plusieurs familles dicotylédones qui offrent plusieurs genres ou espèces doués d'organes floraux parfaitement décussés. Ainsi :

1º Berbéridées (*acyranthes*, *epimedium*). Dans épimedium alpinum, deux étamines opposées ne se développent pas également; une loge d'anthère s'ouvre avant les trois autres, et lorsque les deux loges d'une anthère ont versé leur pollen, une des loges opposées est encore fermée.

2º Thymélées (*pimelea decussata*, *linifolia*); absence de bractées, calice à quatre divisions imbriquées à leur extrémité: d'abord deux placées ⸚, puis .—.; étamines ⸚, ovaire central.

3º Onagraires. Circœa lutetiana est ainsi organisée : deux sépales transversaux, deux pétales ⸚, deux étamines .—., deux feuilles ovariennes ⸚ .

4º Euphorbiacées. La fleur mâle du buis a deux sépales externes transversaux, deux internes ⸚, quatre étamines .—. et ⸚.

Parmi les familles monocotylédonées, nous trouvons quelques cas de décussation des organes floraux : 1º Aroïdes (*pothos crassinervia*); calice à deux sépales externes transversaux, deux internes dans l'axe vertical, et quatre étamines au-devant des quatre sépales.

2º Asparaginées. Le mayanthemum bifolium a deux sépales externes verticaux, deux internes transversaux, deux étamines extérieures verticales, deux plus internes transversales, deux feuilles ovariennes verticales.

3º Eriocaulées. M. de Martius cite nasmytia septangularis comme organisée de la même manière. (*Ann. cit.*, *t.* 2, *p.* 40.)

4º Liliacées. Nous avons vu une tulipe à organes tous en décussation.

C. *Fleurs à calices décussés.* — Il existe un grand nombr

de plantes dicotylédones dans lesquelles la décussation s'arrête
au calice, les pétales, les étamines, les carpelles, suivant un sys
tème différent. Si la fleur est terminale, les dernières feuilles forment deux bractées sous-florales, et les quatre pièces du calice
sont une continuation évidente des feuilles de la tige. Lorsque la
fleur est axillaire, les sépales sont tantôt parfaitement imbriqués
et placés, deux externes verticalement, et deux internes dans une
position transversale : tantôt le calice est gamosépale ou à quatre
dents toujours dans la position .—. Dans les deux cas, tantôt on
rencontre deux bractées sous-florales transversales (*evonymus*,
cornus, *houstonia*); tantôt ces deux bractées manquent complètement, et nous croyons à un avortement (thymélées, crucifères,
onagraires). L'analogie et la comparaison de ces plantes avec leurs
congénères nous les font regarder comme organisées de la même
manière.

Nous excluons de cet ordre certaines fleurs à calices à quatre sépales, ayant deux pièces en haut, deux en bas (véroniques, oro-
branches, melampyres, plantains, reseda luteola). Nous rappor-
tons cette disposition à un ordre spiralé propre aux fleurs
quinaires, une cinquième pièce du calice venant à manquer dans
l'écartement des sépales supérieurs. Il n'est point rare, en effet,
de trouver parmi ces plantes des individus ayant leur cinquième
sépale dans le haut de la fleur. Dans d'autres cas, où tout annonce
dans un calice à quatre pièces disposées .—. un ordre verticillaire,
précédé de deux bractées opposées et transversales, nous admettons dans les calices un commencement de disposition quaternaire
(quelques fleurs de lythrum salicaria).

Quoi qu'il en soit, voici la liste de vingt-huit familles naturelles
qui nous ont présenté des genres, des espèces ou seulement des
individus, munis ou non de bractées transversales, mais ayant un
calice très-régulier de quatre pièces imbriquées deux à deux, ou
soudées dans la position .—. sur l'axe de leur tige. Nous énumé-
rons ces familles d'après l'ouvrage de **M. de Candolle** fils (*Hist.
nat. des Vég.*, introd., t. 2): Renonculacées, nymphéacées,
papavéracées, crucifères, capparidées, caryophyllées, hypéricinées, balsaminées, rutacées, célastrinées, rhamnées, rosacées.

onagrariacées , mélastomacées , philadelphées , myrtacées, ficoïdes, saxifragacées, cornées, rubiacées, vacciniées, éricinées, monotropées, oléacées, gentianées, laurinées, thymélées, urticées. On trouvera probablement la même organisation , soit naturelle , soit accidentelle , dans des espèces appartenant à d'autres familles.

§ V. *Passage de la décussation à un système différent , et réciproquement.*

Nous avons déjà indiqué la loi générale qu'observent les feuilles dans les changements des systèmes. Ici , nous avons deux spires génératrices; les deux dernières feuilles opposées formeront avec le système suivant la même divergence que les feuilles de ce dernier entr'elles , toutes les fois qu'il aura quatre, six, huit spirales multiples. Une seule des deux feuilles opposées sera commune au système suivant, s'il est formé par une, trois, ou un nombre impair de spires génératrices. Mais examinons plus en détail les systèmes qui succèdent à la décussation sur le même axe.

1º *Passage à un système double, et réciproquement.*—Le cas le plus fréquent des changements de système est sans contredit celui du passage d'une tige ou d'un calice décussé à l'ordre quaternaire. Alors, le premier anneau quaterné est alterne avec les deux dernières feuilles opposées, et le second se trouve dans la continuation des quatre rangées verticales du système décussé. Ainsi, dans les jeunes tiges de juniperus lycia, cupressus thuyoïdes, on voit deux larges cotylédons surmontés de deux petites feuilles qui les croisent à angle droit; à droite et à gauche de chacune des petites feuilles, sont les quatre du premier anneau quaterné; les quatre feuilles suivantes sont dans la direction des quatre rangées des feuilles décussées.

Les rameaux naissants d'érica viridiflora ont d'abord deux feuilles transversales, puis un anneau de quatre feuilles placées deux en haut, deux en bas. Les quatre suivantes sont alternes : ainsi commence un rameau quaternaire.

Dans toutes les fleurs à calice décussé du § précédent, la corolle a quatre divisions alterne avec le calice; viennent ensuite quatre étamines correspondantes aux sépales, souvent quatre autres alternes, et les feuilles ovariennes suivent dans le même ordre.

Le nénuphar blanc (voy. pl. 1, fig. 9) a quatre sépales décussés, deux internes transversaux, deux externes verticaux, mais le supérieur est recouvert par les sépales latéraux : les bractées transversales manquent entièrement. La grande cavité tubuleuse *p*, née à la base du sépale externe inférieur, et poursuivie jusqu'au point d'insertion du pédoncule à l'aisselle d'une feuille, a servi à déterminer la position réelle de la fleur sur l'axe du rhizôme curvisérié de cette belle plante. Après les quatre sépales, on trouve quatre pétales alternes, puis quatre correspondant aux sépales; paraissent ensuite huit pétales alternes aux précédents, et huit leur correspondent. Deux ou trois verticilles de seize étamines continuent le système de la fleur, et enfin un verticille de seize carpelles. Le système décussé s'est doublé d'abord et ensuite quadruplé dans cette fleur.

Arrêtons-nous quelques instants sur l'organisation des crucifères. Leur calice décussé est suivi des quatre pétales qui l'entrecroisent; en dedans des sépales externes, on trouve deux glandes vertes très-manifestes dans le genre brassica, moins dans erysimum præcox, peu apparentes dans erysimum alliaria, cochlearia armoracea. Ces glandes manquent dans hesperis matronalis, cheiranthus cheiri, iberis semperflorens, capsella bursa pastoris, cochlearia officinalis. Lorsqu'elles existent, nous pensons qu'elles forment un anneau quaterné avec les deux grandes étamines placées transversalement, verticille qui alterne ainsi avec les quatre pétales et avec les quatre longues étamines situées dans le rayon des pétales. Nous avons donc déjà trois anneaux quaternaires. (Voir la coupe théorique d'une fleur crucifère, pl. 1, fig. 10.)

Restent dans la fleur deux autres glandes souvent munies de deux mamelons et situées à la base des courtes étamines qu'elles déjètent et font saillir en dehors avec les sépales correspondants. Ces corps, très-gros dans brassica, sont apparents dans toutes les espèces précédemment citées et se rencontrent plus fréquemment que les deux autres. Nulles traces de ces quatre glandes dans alyssum saxatile, deltoïdeum, biscutella didyma, mathiola torulosa, etc., etc.

La silique nous offre encore quatre rangs d'organes, deux valves et deux placentaires, dans le rayon des sépales; puis quatre rangs de graines à droite et à gauche des placentaires. Dans les siliques du colza, ces graines sont opposées deux à deux. En les supposant placées dans l'écartement des valves et des placentaires, elles formeront quatre rangées verticales au-dessus des pétales et des longues étamines.

Examinons actuellement si les fleurs doubles des crucifères ne nous révèleront pas quelques détails importants de leur organisation.

Dans le cheiranthus cheiri, outré le changement des six étamines en pétales, nous avons trouvé plusieurs fois deux pétales au-devant des sépales externes, dans le lieu occupé par deux glandes sur d'autres espèces; en outre, deux pétales nouveaux dans le lieu des glandes transversales. Une fleur était ainsi conformée : un premier verticille des pétales ordinaires, un second verticille répondant aux six étamines, un troisième de huit pétales, un quatrième et cinquième de six pétales et en outre quelques filaments.

Les fleurs doubles d'erysimum barbarea sont encore plus composées. (Voy. pl. 1, fig. 2). On trouve d'abord facilement deux verticilles de huit pétales, et ces huit rangées se continuent dans toute la longueur d'un axe commun. Nulles traces d'étamines, ni de silique, ni de graines; deux rangées de pétales dans le lieu des placentaires, deux dans celui des valves; au lieu des quatres rangées de graines, on trouve tantôt des séries de pétales, tantôt de simples filets, semblables à des cordons ombilicaux. Le centre de la fleur est une tige réelle, souvent tétragone, portant des feuilles pétaloïdes sur ses quatre faces et souvent des filets à ses angles : elle croit lentement durant plus d'un mois en s'allongeant beaucoup. Tantôt il existe une disposition régulière de verticilles quaternés, tantôt leur confusion est très-grande. N'est-on pas obligé de conclure de ces faits que la silique est une continuation de l'axe de la fleur, que les placentaires et les valves sont des feuilles soudées ou des mérithalles dont les feuilles avor-

tent complètement, tandis que les feuilles ovulaires se développent seules? et, par conséquent, n'est-on pas en droit de regarder
les crucifères comme décussées dans leur calice, et ensuite quaternées dans le reste de la fleur? Cette structure dévoilée des
crucifères doit éclairer la science dans l'étude encore si peu
avancée de la symétrie des feuilles ovariennes et ovulaires.

En appliquant aux pymélées la loi du passage de la décussation
au système quaternaire, nous avons débrouillé leur inflorescence.
Au-dessus des deux dernières feuilles opposées, on voit s'épanouir
d'abord quatre fleurs alternes avec elles, puis quatre fleurs dans
le rayon des feuilles de la tige. Plus haut, huit nouvelles fleurs
s'intercalent entre les précédentes et leur succèdent dans l'ordre
de développement; enfin, huit autres moins hâtives complètent
un système de seize rangs de fleurs qui paraissent se continuer
jusqu'à la terminaison du support florifère. Dans Gnidia imbri-
cata, les quatre fleurs terminales alternent avec les dernières feuilles
décussées; s'il existe cinq ou six fleurs, une ou deux répondent à
ces dernières feuilles.

Le passage de l'ordre quaternaire à la décussation s'effectue en
sens inverse; nous en trouvons un exemple dans tormentilla
erecta. Souvent les sépales sont placés comme les calices décussés,
quoique leurs feuilles soient valvaires; puis viennent quatre pétales, seize étamines; au dernier anneau de huit étamines succède
un cercle complet de huit akènes, et en dedans quatre autres dans
le rayon des quatre pétales, comme les huit akènes dans le rayon
des pétales et sépales.

2° *Passage à un système triple, quadruple, etc., etc.*—Le genre
escholtzia nous offre quatre pétales en décussation; viennent ensuite deux verticilles, chacun de douze étamines, dont quatre
répondent aux pétales. Un troisième verticille de huit étamines
est complété par les quatre feuilles ovariennes, deux valves et deux
placentaires, situées dans le rayon des pétales.

La clématite viticelle a souvent douze étamines dans le verticille
le plus voisin des quatre sépales. La kesœa salicifolia, munie de
tiges décussées ou ternées, a ses fleurs axillaires: deux bractées
sous-florales sont placées transversalement; chacune d'elles a, à sa

droite et à sa gauche, deux des six sépales; les six pétales complètent les douze rangées verticales. Il paraît qu'il en est de même dans les fleurs à six sépales de la salicaire, et qu'on doit y considérer les calices comme verticillaires.

Dans la plupart des papavéracées, aux pétales décussés succèdent des verticilles d'étamines plus nombreux encore : ainsi, dans papaver rhœas, nous avons compté une fois 26 étamines, une autre fois 32; dans glaucium flavum, 40; dans papaver somniferum, 48; mais ces évaluations ne sont pas rigoureuses et varient selon la grosseur des fleurs : au reste, en considérant ce qui se passe ailleurs, on n'est pas obligé d'admettre théoriquement que ces verticilles sont des multiples de quatre; sans dévier de ses lois ordinaires, la nature présente dans les verticilles tous les nombres possibles.

3° *Passage au système curvisérié.* — Cette transition est fréquente et arrive soit sur les fleurs, soit sur les tiges. Ainsi quelques pieds quadrangulaires de cactus speciosissimus, se terminent par des fleurs curvisériées; dans ce cas, comme dans tous les suivants, une des deux dernières feuilles opposées est le point de départ de la spirale dextrorse ou sinistrorse des feuilles florales. Ainsi il arrive à la plupart des cariophyllées, hypéricinées, cistinées, mesembryanthèmes munies de calices à cinq divisions spiralées et supportées par des décussées. En vérifiant ce fait sur des fleurs terminales, il est aisé de voir que le cinquième sépale est en deçà de la verticale d'un angle convenable au système curvisérié.

Les épis floraux de verbena officinalis, circœa lutetiana, antirrhinum majus.... succèdent à des tiges décussées. Un pied de calycantus floridus nous présenta dans le même grouppe 24 tiges décussées partout, une décussée dans le bas et ternée dans le reste de son étendue; huit enfin décussées dans le tiers inférieur, et plus haut munies de feuilles alternes curvisériées convenablement distantes. Mais le cas le plus remarquable est celui du melaleuca hypericifolia dont l'épi floral curvisérié est précédé et suivi d'un axe à feuilles opposées.

4° *Passage du quinconce à la décussation.* — Nous avons déjà parlé dans le § 1 du passage du système distique aux tiges décussées. Il nous reste à mentionner un cas de tige quinconciale de cactus speciosissimus qui devenait quadrangulaire. Une des cinq lignes verticales cessait brusquement, mais la dernière feuille de cette rangée n'était pas la terminaison de la spirale quinconciale. Il en existait encore trois autres; la dernière de toutes était placée à 90° des deux premières feuilles opposées, et les quatre rangées verticales restantes, en s'écartant convenablement, présentaient des nœuds verticillaires. Cette observation confirme les règles générales que nous avons posées.

5° *Implantation des rameaux décussés.* — L'implantation de ces rameaux à l'aisselle d'une feuille est un autre mode de passage du système de la tige-mère à la décussation par un axe différent. La feuille-mère est pour ces bourgeons comme la feuille terminale de la spire génératrice d'un système inférieur. Ainsi les deux premières feuilles opposées seront placées transversalement, l'une à droite et l'autre à gauche. Cette position des deux premières feuilles d'un rameau décussé naissant a été constatée par l'observation de tous les botanistes; la disposition même des encalyptus robusta, populifolia, ne s'en éloigne pas. La feuille-mère étant à 90° de chacune de ces feuilles, commence deux des spirales génératrices d'une tige décussée et détermine ainsi sa position.

Des tiges ou fleurs à calice décussé peuvent s'implanter sur des axes d'un système différent, 1° sur des tiges curvisériées de fumariées, crucifères, thymélées, et 2° sur des tiges ternées de nerium, houstonia, et 3° sur des tiges de bruyères à 6, 8, 10, 12, 14 verticales; 4° sur des tiges tristiques et quinconciales de cactus speciosissimus.

6° *Systèmes dérivés du décussé.*—Des rameaux curvisériés proviennent souvent de l'aisselle des feuilles opposées. Ainsi on voit en naître, 1° des épis floraux dans veronica montana, beccabunga, verbena officinalis.... et 2° des calices spiralés de caryophyllées, hypéricinées....; 3° des fleurs curvisériées de myrte, de calycanthus et chimonanthus, et 4° des épis floraux de lantana camara, à 9, 10, 14 verticales; ceux de verbena aubletii à 14 verticales. Toujours la feuille-mère est le point de départ de la première divergence du système spiralé, ou alterne avec deux des feuilles du premier verticille, lorsque la disposition par anneaux successifs se rencontre.

Nous noterons cependant ici que dans le système curvisérié naissant, les angles des huit premières feuilles ne sont pas toujours exactement ceux qu'indique la théorie. La première divergence du ramean est souvent trop faible et voisine de l'angle droit, la seconde est trop forte et environ de 180°. Cette feuille est à sa place théorique à 5° près. La divergence de 2 à 3 est trop faible, et la feuille reste ou sur la verticale, comme dans les légumineuses, ou la dépasse d'un petit angle ; la feuille quatre, adossée à la tige centrale, occupe à peu près sa position naturelle ; la feuille cinq reste trop éloignée de la verticale, et est distante de plus de 32° en deçà ; la feuille six est assez bien située ; la feuille sept est trop adossée vers la tige.

Ainsi, dans un bourgeon curvisérié naissant, les divergences 1, 3, 5, 7 sont souvent diminuées, et les huit premières écailles paraissent réellement décussées (Juglans regia, bourgeons à fleurs de rubus fruticosus, idœus). Une altération tantôt en moins, tantôt en plus, détermine cette opposition apparente. Mais au delà des huit premières feuilles, les divergences sont régulières et conformes à la théorie curvisériée.

§ VI. *Système terné ou à 6 verticales.*

Le système terné n'est pas très-fréquent sur les tiges ; nous le trouvons habituellement dans juniperus communis, lycia, virginiana, gardenia radicans, houstonia coccinea, nerium oleander, aloysia citriodora, catalpa, cephalanthus, plusieurs lysimachies ; accidentellement dans phlomis leonurus, westeringia rosmarinifolia, grenadier, myrte, lilas, olivier, fuchsia conica, globulifera, dahlia pinnata, valériane officinale, anagallis cœrulea, etc., etc.

Ce système est propre à la plupart des fleurs même doubles des monocotylédons, aux fleurs des berbéridées, cneorum tricoccum... Il existe dans les calices et corolles des argemone mexicana, papaver bracteatum, magnolias, azarum europœum aristolochia sipho et dans les fleurs tétrandres devenues régulièrement triandes, etc.

Les règles que nous avons constatées sur la succession des systèmes distiques, tristiques, décussés, avec des systèmes différents, sont applicables en toutes manières avec le système terné. Examinons ce sujet sous divers points de vue.

1° **La dernière feuille d'un système unispiral** sera placée au-dessous du milieu de l'espace entre deux feuilles ternées, c'est-à-dire à la distance de 60°, ce qui est la divergence des spires génératrices de l'ordre terné. Nous avons déjà constaté cette position pour les tiges distiques des iris, azarum; elle existe aussi dans tous les autres systèmes unispiralés.

Ainsi, dans magnolia grandiflora, la spathe florale est la dernière feuille du quinconce de la tige. Cette spathe est au-dessous de deux sépales colorés à égale distance de l'un et de l'autre. Voyez pl. 11., fig. 1.

La tige curvisériée des luzula nivea, juncus squarrosus et autres se termine par un épi composé, fournisant par sa base d'autres épillets et à son extrémité deux bractées stériles. La dernière bractée fixe la position des trois sépales externes de la fleur terminale et deux sépales se placent à égale distance de son insertion. Les épillets latéraux, souvent composés eux-mêmes, ont une spirale curvisériée dont la première bractée est sessile à l'origine de l'épillet: les suivantes sont au nombre de 3 ou 4, stériles à leur terminaison, mais fixent de la même manière l'arrangement de la fleur terminale.

Nous avons déjà démontré (disposit. symétr. des inflor. §. 1., dans le t. 7. des *Ann. sc. nat.*), que la bractée unique du pédoncule floral du lys blanc, est le commencement d'une spirale curvisériée analogue à celle de sa tige. C'est cette bractée solitaire qui fixe la position de la fleur des lys. M. Braun a indiqué comme une disposition anomale celle de la fleur du lys blanc, ayant deux pétales d'un côté et un seul de l'autre. L'observation du fait est vraie; tantôt deux pétales externes sont à droite et un à gauche, tantôt deux à gauche et un à droite. La cause de cet arrangement s'explique très-bien par notre formule; la bractée sous-florale correspond toujours à l'écartement de deux pétales externes. Cette brac-

tée se trouvant placée tantôt à droite, tantôt à gauche du pédoncule, détermine la position correspondante de la fleur. Nous avons
souvent vérifié ce fait dans lilium candidum, croceum, sinense,
pomponium, caledonicum, martagon…. D'après la même règle
sont placés les trois sépales externes des balisiers; une bractée, a
droite ou à gauche, fixe deux sépales, ce qu'on voit très-bien dans
la jeune fleur.

Dans l'alisma plantago, la tige florifère est ternée, et les feuilles
radicales sont curvisériées; la dernière de celle-ci correspond exactement au milieu de l'une des trois faces de la tige triangulaire et
terminale de l'alisma, entre deux feuilles du premier anneau terné.
Ce fait se voit très-bien dans les rameaux axillaires qui devront se
développer l'année suivante. Il est probable que la position de la
fleur terminale des tulipes, safrans, colchiques, est déterminée
par celle de la dernière feuille des tiges.

Les trois sépales d'argemone mexicana sont également placées
vis-à-vis la dernière feuille de la tige spiralée. Voir pl. 11, fig. 2.
Les fleurs latérales munies de deux bractées transversales ont la
supérieure d'entr'elles correspondante à l'écartement de ces bractées. S'il existe 3, 4 bractées avant la fleur, c'est toujours la dernière qui devient alterne avec deux sépales, et fixe ainsi le système entier. Nous avons observé une fleur axillaire avec une seule
bractée disposée à l'ordinaire. Voyez fig. 2, a'.

Les calices ternés des magnolia sont suivis d'un système curvisérié d'étamines : une fleur de magnolia grandiflora, outre ses neuf
sépales, nous a présenté cinq étamines pétaloïdes disposées en
spirale; en prenant la plus large d'entr'elles pour la plus extérieure, les suivantes étaient de moins en moins larges. En partant
de l'un des trois sépales intérieurs, on trouvait entr'elles une divergence de $137° \frac{1}{2}$; on arrivait à l'étamine 5 placée en défaut
de la verticale d'un angle convenable.

Les tiges ternées de nerium oleander sont terminées par des
fleurs à calice spiralé à cinq ou six sépales. En prenant dans un
sens rétrograde cette spirale, nous sommes toujours arrivés à
l'une des dernières bractées de la tige. Que le dernier anneau ait
trois, deux, ou seulement une bractée, c'est toujours l'une d'elles

qui devient le point de départ de la première divergence du calice spiralé.

Un cactus terné nous a offert une transition au système de sept verticales. Dans un point de la tige, une des six rangées semblait se bifurquer, et les rangées voisines s'écarter convenablement. Mais la succession des nœuds vitaux suivait un ordre conforme à la règle générale. Le nœud placé dans l'angle de la bifurcation n'était point la terminaison du système à six verticales. Au-dessus se trouvait encore un verticille de trois nœuds; et c'était à la hauteur de l'un de ces trois nœuds que commençait la spirale propre au système de sept verticales.

De tous les faits précédents, nous tirons les conclusions suivantes :

Lorsque le verticille de trois feuilles est consécutif à la spirale distique, tristique, quinconciale, curvisériée, etc., alors la dernière feuille de la spirale du système inférieur fixe à sa droite et à sa gauche la position de deux feuilles du verticille terné, et par suite du système entier à six verticales.

Si ce dernier système, au contraire, précède un ordre spiralé quelconque, alors une des trois dernières feuilles ternées est le point de départ de la spirale subséquente.

2° Les systèmes verticillaires ou à spirales multiples précèdent ou suivent l'ordre ternaire, d'après les règles connues; ainsi les tiges de lysimachies, de genevriers sont précédées par la décussation : au point de contact des deux systèmes, une des feuilles opposées fixe à sa droite et à sa gauche deux des trois feuilles suivantes; la dernière de celles-ci reste au-dessus de la seconde feuille opposée.

Dans la lysimachie vulgaire, une tige ternée devient-elle quaternée? Au point de réunion, nous voyons une des trois feuilles avoir à sa droite et à sa gauche deux feuilles du premier anneau quaterné, avec une divergence de 45°. Dans le passage de la décussation à l'ordre terné, et de celui-ci au quaterné, une seule feuille se rencontre entre les deux systèmes.

Lorsqu'un nombre double d'organes succède aux verticilles ternés, alors, des six feuilles suivantes, trois alternent avec les précédentes, et trois leur correspondent. C'est ce qu'on observe très-bien dans les douze étamines et six carpelles d'azarum europœum. Les six étamines du verticille inférieur sont placées dans les trois espaces intermédiaires du calice et dans le rayon des sépales. Le second verticille d'étamines alterne avec le premier; le verticille ovarien répond aux six premières étamines. Dans aristolochia sipho, l'anneau des six feuilles ovariennes occupe la place des six étamines supérieures de l'azarum.

3° *Implantation des rameaux ternés.* — Nous avons déjà dit que la feuille-mère se comportait vis-à-vis d'un rameau naissant comme la feuille terminale d'un système spiral. Si cette règle est rigoureuse, le rameau terné naissant présentera toujours une feuille adossée à la tige centrale et deux au-dessus de la feuille-mère. Cette loi s'observe-t-elle toujours ?

Nous l'observons d'abord dans la vaste famille des graminées. Les fleurs étant presque toujours axillaires à de petits épis, nous offrent dans leur premier verticille une paillette adossée au rachis et deux lodicules en avant ; puis trois étamines, une en avant, deux en arrière, enfin un ovaire asymétique, avec une rainure dorsale en arrière. (Voyez pl. 1, fig. 6.) Ce cas est sans contredit le plus fréquent de tous ; à la base de chaque fleur est sa feuille-mère, appellée glume externe. La lépicène ou les valves inférieures sont des bractées de l'axe dépourvues de fleurs à leur aisselle.

Cet arrangement est tellement fixe, que quelquefois l'étamine antérieure manque, et la symétrie du reste de la fleur n'est pas dérangée. (Voyez pl. 1, fig. 7, du bromus madritensis.) Ou bien les deux lodicules manquent comme dans nardus stricta ; à cela près, la fleur est organisée de la même manière. (Voyez fig. 8.) Nous devons cependant avouer que la structure du nard peut s'expliquer sans admettre un avortement de lodicules. La glume interne est alors comme une feuille distique, et les trois étamines occupent une place naturelle, comme les trois pétales externes des iris. Le nard est en outre à nos yeux une graminée à épi distique le plus simple possible.

Parmi les fleurs monocotylédones en épi, une seule s'est présentée à nous ayant un pétale adossé à l'axe et deux pétales au-dessus de la bractée-mère. C'est la chenalia orchioïdes à fleurs sessiles, obliquement implantées sur la tige; nulles traces de bractées sous-florales.

Mais pourquoi beaucoup de scilles, d'orchidées françaises, ont-elles leurs fleurs différemment placées, savoir deux pétales contre la tige et le troisième au-dessus de la feuille-mère? Nous soupçonnons que, dans la plupart des cas, une bractée sous-florale a avorté, et que cette bractée devant être ou adossée à la tige comme celle des ixias, ou latérale aux pédoncules comme celle des lys, sert à fixer la position des premiers pétales. Ainsi, ces fleurs n'ont pas leur système terné en contact immédiat avec la feuille qui les porte à son aisselle.

Il est plus difficile d'expliquer l'origine suivante des rameaux ternés. On trouve d'abord deux bractées transversales, puis un premier verticille de trois feuilles, placées deux contre la tige, et une en avant au-dessus de la feuille-mère, ou bien dans une position inverse, deux en avant, une en arrière. Le premier cas se rencontre dans les rameaux naissants de laurier-rose, catalpa, céphalanthe d'occident, houstonia coccinea, dans les fleurs de cneorum tricoccum. Le second cas se présente dans le genévrier commun, mahonia fascicularis.

Le système ternaire est ici précédé par deux feuilles opposées, et d'après la règle ordinaire, une de ces feuilles devrait alterner avec deux des ternées, avec une divergence de 60°. Pourquoi ce changement dans la symétrie ordinaire? Nous n'éluderons pas cette objection; pour chercher à la résoudre, nous dirons d'abord qu'elle s'applique à un petit nombre de cas; ensuite, nous avons trouvé quelques rameaux naissants d'houstonia coccinea, dans lesquels l'implantation du terné était conforme à la loi générale. Peut-être d'ailleurs, dans les rameaux naissants, la feuille-mère a-t-elle une influence directe sur le second verticille et contraint-elle le rameau à avoir une rangée verticale de feuilles commune avec celle qu'elle occupe sur la tige centrale. Pour expliquer tous les faits d'organisation végétale, nous n'aurons pas assez généralisé notre formule. Dans le cas présent, le système terné est précédé de deux feuilles opposées, de la même manière qu'il en serait suivi, si la décussation succédait au terné. Deux systèmes consécutifs sont peut-être disposés l'un par rapport à l'autre, de telle sorte qu'il soit indifférent ou que l'inférieur fixe la première divergence du supérieur, ou que celui-ci soit placé comme pouvant servir de point de départ au système inférieur.

La symétrie si variée des fleurs fournira, sans doute, d'autres difficultés à résoudre et des objections contre notre théorie; mais son application est d'ailleurs si étendue, que nous pouvons laisser quelques objections en arrière. Quelle est d'ailleurs, en botanique, la théorie assez vaste pour embrasser tous les faits, et la formule assez souple pour se plier à toutes les objections?

§ VI. *Systèmes quaternaire, quinaire, ou à huit, dix, douze verticales.*

Les systèmes à huit, dix, douze verticales se rencontrent dans les tiges de prèles, lycopodes, bruyères, cactées, cupatoires, convallaria verticillata. On trouve quelques fleurs monocotylédones à huit rangées d'organes (paris quadrifolia, allium moly, agapanthus umbellatus, iris cité déjà); mais ces systèmes sont très-fréquents dans les fleurs dicotylédonées à quatre ou huit, cinq ou dix, six ou douze étamines.

Notre formule générale convient à ces nouveaux systèmes comme aux précédents. Aux développements déjà donnés, ajoutons quelques transitions dont il nous reste à parler.

1° *Passages aux systèmes alternes.*—Le quinconce propre aux folioles de l'involucre de chaque fleur d'échinops, celui des feuilles pédonculaires et calicinales d'epacris grandiflora, est suivi, dans ces fleurs, d'un système à dix verticales. Mais nous n'avons pas été assez heureux pour fixer la position réelle du premier verticille par rapport à la dernière feuille quinconciale.

Les pétales, étamines et carpelles quinaires sont ordinairement précédés par la spirale curvisériée qui se continue sur les calices. Les cinq dernières feuilles se rapprochant et se soudant même dans beaucoup de cas, la position de la corolle est déterminée par celle du calice ou, ce qui est plus rigoureux, par celle du dernier sépale. Deux des pétales se placent à égale distance de celui-ci, ei la position du reste de la fleur est fixée. On dit ordinairement que la corolle alterne avec le calice; ce langage est rigoureusement vrai lorsque le calice forme un verticille réel. Mais toutes les fois qu'on ne peut méconnaître une spire calicinale, les sépales n'ont qu'un verticille apparent; la corolle appartient alors à un système différent, et si on la suppose débarrassée de l'effet des soudures d'organes, elle sera seulement en rapport avec le dernier des sépales. Supposons une fleur axillaire binodale : le dernier sépale sera la feuille 7; sa position théorique dans le système curvisérié est 242° 25'. Mettons à droite et à gauche deux pétales à la distance de 36°, et tous les autres à 72° des premiers, nous aurons, pour la position du pétale inférieur, 350° 25', ce qui est bien voisin de 360° ou du point immédiatement situé au-dessus de la feuille-mère, ce qui est la position qu'on croit reconnaître à vue d'œil dans toutes les fleurs quinaires placées ainsi : deux pétales en haut et trois en bas.

Dans les fleurs binodales, c'est donc la septième feuille ou le cinquième sépale qui détermine l'arrangement des verticilles floraux; nous sommes obligés d'adopter cette conséquence, afin de coordonner dans une même formule tous les changements de systèmes, et spécialement ceux qui résultent du passage de l'ordre spiral à l'ordre verticillaire.

2° *Passages aux systèmes verticillaires différents.* —Le passage des systèmes quaternaires, quinaires, à des verticilles supérieurs en nombre, a lieu d'après les règles ordinaires. Ainsi, lorsqu'un anneau de quatre ou cinq feuilles est suivi de huit ou dix autres, on voit deux des nouvelles entre chacune des inférieures, et se placer toutes à des distances égales entr'elles. Les quatre sépales et quatre pétales de la tormentille sont suivis d'un anneau de huit étamines, intercalées deux à deux entre les pétales; le second anneau de huit étamines est plus en dedans et alterne avec le premier.

Dans les potentilles, fraisiers, comarum, après cinq pétales, se voient dix étamines intercalées, et enfin dix autres plus en avant et alternes avec les premières.

Dans metrosideros linearis, après les cinq pétales on trouve deux verticilles correspondants de quarante étamines, plus un verticille de vingt intérieures, sans compter l'ovaire.

Ces nombres d'organes verticillaires décroissent avec la même régularité en sens inverse ; nous avons déjà cité la tormentille dans le n° 1 du § 5.

Lorsqu'une fleur axillaire pentandre ou décandre se termine par deux feuilles ovariennes, nous observons ordinairement deux loges placées, l'une en haut contre la tige, l'autre en bas dessus la feuille-mère. Une des étamines du second verticille, lorsqu'il en existe deux, ou du verticille unique, se trouve toujours dans le diamètre vertical de la fleur. D'après notre règle générale, les feuilles ovariennes opposées faisant un angle droit avec une étamine, ce sera avec l'étamine impaire, supérieure ou inférieure. Ces feuilles ne seront donc pas placées verticalement, mais transversalement, par rapport à la fleur. Or, voici ce que l'observation apprend à cet égard :

Dans les mélampyres, la capsule se fend de haut en bas, et on observe deux feuilles ovariennes transversales dont la nervure médiane porte à sa base, de chaque côté, une graine droite. La position de la capsule ne s'écarte pas des règles ordinaires.

Dans les rhinantes, véroniques, euphraises, il est encore évident que les feuilles ovariennes sont placées en travers de la fleur, et non l'une au-dessus de l'autre, et qu'elles portent les graines sur les bords de leurs nervures médianes, souvent soudées entr'elles dans le bas. Cette manière d'expliquer la position des feuilles ovariennes me semble la plus naturelle de toutes, et celle qui doit se présenter en premier lieu à un observateur judicieux. Il n'en est probablement pas de même pour les scrophulaires, verbascum, digitales, linaires; la déhiscence souvent transversale des capsules semble indiquer des feuilles placées, l'une contre la tige, l'autre dessus la feuille-mère. Souvent aussi le trophosperme se détache, comme s'il appartenait à une prolongation de l'axe. Dans ce cas peut-être, comme dans celui de certains rameaux naissants du système ternaire, nous serons obligés de supposer que la position des feuilles ovariennes, relative au verticille précédent des étamines, est telle que comporterait la succession d'un verticille qui naire à deux feuilles opposées.

On dira peut-être que les pistils, étant fendus transversalement, prouvent que les feuilles ovariennes sont réellement placées, l'une contre la tige, l'autre contre la feuille-mère. Mais nous sommes portés à admettre dans plusieurs fleurs des feuilles pistillaires indépendantes des feuilles ovariennes.

La parnassie, lorsque son ovaire est à cinq valves, présente une alternance régulière entre les pétales, étamines, nectaires et feuilles ovariennes. Lorsque celles-ci sont au nombre de quatre, ce qui est le cas ordinaire, alors, en remarquant que le calice est spiralé, nous trouvons que le nectaire, placé à 180° du premier sépale, est distant de 45° de deux valves voisines, et sert à fixer ainsi la position des quatre valves.

Au reste, les organes floraux, par leurs complications et soudures multipliées, présentent un grand nombre de bizarreries qui empêchent d'établir des résultats généraux. Souvenons-nous que c'est par l'observation des tiges que nous sommes arrivés à une formule, et qu'en cherchant à l'appliquer aux fleurs, nous suivons le fil de l'analyse, en marchant du connu à l'inconnu. La symétrie des fleurs ovariennes et ovulaires est encore trop contestée pour pouvoir lui appliquer les règles que nous avons reconnues spécialement sur les tiges, les calices, corolles et étamines. On nous opposera de grandes anomalies dans les fleurs; nous conviendrons du nombre et de la force des objections, quoique la petitesse des angles contestés doive en diminuer l'importance. Mais on nous saura peut-être gré d'avoir fait une tentative aussi hardie, sans nous dissimuler les dangers de cette périlleuse entreprise; nous éviterons d'ailleurs des détails étrangers à un essai sur la disposition générale des feuilles rectisériées.

Le plus souvent, les systèmes quaternaires, quinaires, sexénaires, sont précédés à leur origine par des verticilles de feuilles moins nombreuses. Nous en avons plusieurs fois parlé dans les § précédents; nous n'y reviendrons pas davantage.

3° Il nous reste à examiner les tiges ou axes quelconques qui présentent une grande variété dans le nombre des pièces verticillaires successives, et qui souvent n'ont qu'un seul anneau dans chaque système, c'est-à-dire la moitié des feuilles qui devraient le composer. Ainsi, il n'est point rare de voir, après un anneau de cinq feuilles, en succéder un de six, puis de sept, de huit, etc. En voici quelques exemples :

Dans un rameau naissant de pesse commune, nous avons trouvé deux bractées transversales, puis quatre au second verticille, puis cinq et sept. Une tige plus grosse offrait plusieurs anneaux de douze, puis de treize, quatorze, seize, dix-sept, dix-huit folioles ; à leur aisselle, dans le haut, sont autant de fleurs axillaires, ce qui prouve que ces folioles forment autant de nœuds vitaux sur la tige.

Les prêles montrent aussi une grande variété dans le nombre de leurs nœuds ; mais l'épi conique de la fructification est surtout remarquable par les différences de nombres des pédicelles qui portent les sporanges. Un épi avait plusieurs verticilles de dix-sept, puis de seize disques ; les derniers avaient seulement les nombres treize, onze, sept, six, trois.

Une tige florifère de collinsia grandiflora est décussée en bas, puis offre des anneaux de trois, quatre, cinq feuilles munies de fleurs à leur aisselle.

Dans la véronique verticillée, on trouve au bas de la tige la décussation, puis l'ordre terné, quinaire, sexénaire et septénaire enfin, qui se prolonge dans l'épi floral, du moins à sa base.

Sur les tiges courtes, à folioles verticillaires nombreuses et variables d'un étage à l'autre, il est impossible de vérifier s'il existe une ou plusieurs feuilles intermédiaires régulièrement placées entre deux systèmes consécutifs. Mais les observations précédentes vont nous servir à expliquer les organisations les plus compliquées.

Et d'abord, nous trouvons dans les échinops une tige à feuilles curvisériées, surmontée par une tête arrondie qui porte les involucres des fleurs. Celles-ci sont rangées en séries verticales qui varient, selon leur grosseur, de dix-huit à vingt-neuf, du moins dans les échinops ritro, sphœrocephalus et giganteus. Les systèmes de ces aggrégations sont nombreux, mais la plupart appartiennent à l'ordre verticillaire ; le nombre des nœuds vitaux est moindre dans le bas et à l'extrémité du réceptacle commun.

Les ovaires, composés des fragariées, clématites, de plusieurs anémones, les cupules des chênes, sont probablement disposés par anneaux verticillaires ; leurs variations sont tantôt régulières, tantôt produites par des avortements. Toutes ces causes réunies rendent l'examen rigoureux de ces plantes à peu près impossible. De là, l'irrégularité des spirales dextrorses et sinistrorses qui feraient découvrir leur organisation réelle. Si, dans un sens, les spirales sont régulières, souvent dans l'autre existe une déformation ; souvent deux spires convergent en une seule, ou bien une d'elles diverge en deux ou trois autres.

Il serait aussi aisé de soumettre à l'analyse géométrique tous ces organes condensés qu'un cône de pin ou un réceptacle de tournesol, si le même système était suivi régulièrement dans une zône d'une certaine étendue. Celui qui voudra se livrer à ce genre de recherches, devra se prémunir contre les causes multipliées d'erreurs qu'il rencontrera à l'extrémité des tiges.

CHAPITRE II.

EXAMEN DES SYSTÈMES A DIVERGENCES $\frac{2}{5}$, $\frac{3}{7}$, $\frac{4}{9}$, $\frac{5}{11}$, ETC.

Toutes les feuilles rectisériées ne sont pas disposées en verticilles ; un certain nombre d'entr'elles suivent un ordre alterne, et une spire génératrice les embrasse toutes. Le cas le plus fréquent est celui où la spirale fait deux fois le tour de la tige avant de revenir immédiatement au-dessus de la feuille qui a servi de point de départ. D'après la construction géométrique de ce système, on comprend aisément que toutes les feuilles étant supposées à égale distance, l'angle qui séparera deux d'entr'elles sera égal à deux fois la circonférence divisée par le nombre entier des feuilles : en d'autres termes, la divergence de la spire sera une fraction de la circonférence, ayant deux au numérateur, et au dénominateur le nombre des rangées verticales de feuilles. MM. Schimper, Alexandre Braun ont parfaitement analysé la divergence de ces systèmes.

L'observation a démontré que dans tous il existe un nombre impair de lignes verticales, au moins 5, 7, 9, 11.... Dès qu'une rangée disparaît sur un axe, ou s'ajoute aux anciennes sur le même axe, on reconnaît que le système devient verticillaire, et se compose alors de plusieurs spires génératrices. Et si le nombre pair de verticales devient impair, alors le système alterne reparaît avec une seule spirale.

Une autre propriété générale du système alterne que nous étudions dans ce chapitre, c'est que le nombre des spires dextroses les plus visibles diffère seulement d'une unité du nombre des spires sinistrorses de la même tige. Ainsi, dans le cas de cinq verticales, les nombres des spires sont deux et trois ; dans le cas de sept verticales, il existe trois spires dans un sens et quatre dans l'autre ; et ainsi de suite. Le sens de la spirale génératrice appartient toujours à celui du plus fort nombre, et par une raison fort simple. Lorsque dans un système à sept verticales, nous avons trois spirales sinistrorses et quatre dextrorses, la feuille trois est à gauche de zéro, supposé point de départ ; la feuille quatre est à droite du même point. Les feuilles trois et quatre étant consécutives dans la spire génératrice, il est évident que pour aller de trois à quatre, il faut tourner dans le même sens que les quatre spirales dextrorses qui appartiennent au plus fort nombre.

Nous ferons encore remarquer que la somme des spirales dextrorses et sinistrorses est égale au nombre des rangées verticales ; ainsi, deux des trois choses étant connues, la troisième se déduit aisément.

Examinons les principaux systèmes alternes rectisériés, et d'abord le quinconce.

§ I. *Des feuilles quinconces.*

Depuis Charles Bonnet, on appelle feuilles quinconciales celles dont la sixième recouvre exactement la première, après que leur spirale a parcouru deux fois la circonférence de la tige. Toutes ces feuilles sont alternes et se renouvellent dans le même ordre de cinq en cinq. Quoique la plupart des plantes qu'on croyait à feuilles disposées en quinconce soient réellement curvisériées, il en existe cependant plusieurs qui sont douées de cette organisation. Voici celles où nous avons reconnu le quinconce, sans compter les cas douteux; leur nombre sera sans doute augmenté par des recherches plus étendues.

1° Graminées; quelques épis mâles de maïs et de panicum miliaceum viride, digitaria sanguinalis.

2° Quelques cypéracées; quelques épis femelles de carex panicea et hordeistychos.

3° Verbénacées; quelques épis terminaux de buddleia madagascariensis.

4° Magnoliacées; tiges du tulipier, des magnolia grandiflora glauca, rarement tripétale.

5° Rosacées; tiges à bois des rubus idæus, fructicosus.

6° Myrtacées; melaleuca pulchella; quelques tiges du grenadier;

7° Cactées à tiges pentagonales; cactus speciossimus, cereus Smithii.

8° Composées; involucres partiels des echinops.

9° Vacciniées; tiges souterraines du vaccinium myrtillus.

10° Epacridées; calices d'épacris grandiflora.

11° Urticées; tiges de mûrier et de chanvre.

12° Amentacées; la plupart des chênes, populus fastigiata, angulata, tremuloïdes.

Les règles qu'observent les feuilles quinconciales dans un rameau naissant ou dans un changement de système, sont exactement les mêmes que suivent les systèmes précédents. Entrons ici dans quelques détails.

1° Nous avons déjà indiqué de quelle manière se comporte le système quinconcial, lorsqu'il est précédé par le distique ou la décussation. Il en sera de même toutes les fois que l'ordre curvisérié sera placé au-dessous ou au-dessus de lui. Nous avons observé un rameau de cactus speciosissimus qui présentait d'abord trente-sept nœuds à la distance de $137°\frac{1}{2}$. Le dernier d'entr'eux était suivie de douze nœuds distants de $144°$, et rangés sur cinq lignes verticales. La dernière feuille quinconciale était suivie de douze nœuds, ayant une spirale de 120°. Dans les trois systèmes consécutifs, la spirale était sinistrorse.

Lorsque le quinconce est suivi de l'ordre curvisérié, la spirale conserve encore la même direction. C'est ce que nous avons toujours rencontré dans les fleurs du tulipier. Dans ce bel arbre, les nœuds de la tige sont disposés avec une spirale de 144°, jusqu'au plus externe des trois sépales de la fleur, la spathe appartenant au système quinconcial. A partir de ce permier sépale, on voit la feuille cinq rester en deçà de la verticale d'un angle convenable, la feuille huit être peu en excès, puis on compte huit et treize spirales d'étamines, cinq et huit de carpelles, caractères propres au système curvisérié.

Il nous resterait à examiner le passage du quinconce dans certains cactus, à un système de six verticales; mais le cas ne s'est point présenté à notre observation.

2° Si nous supposons par la pensée que les feuilles quinconciales d'un axe très-court perdent leurs mérithalles, alors ces feuilles feront des anneaux superposés de cinq pièces et non entrecroisés comme dans les verticilles à dix verticales. Cette disposition ne se rencontre-t-elle pas quelquefois dans les fleurs, par exemple, dans les pétales et étamines correspondants des primulacées, staticées? Plusieurs botanistes distingués ont pensé que dans les primulacées un anneau d'étamines alternes avait avorté; ils se fondent sur l'existence de cinq dents alternes aux pétales du samolus valerandi, etc., etc. Nous oserons donner une autre explication de ce fait. N'est-il pas permis d'admettre que les cinq pétales d'une primevère suivent un ordre alterne quinconcial, que les étamines sont disposées dans le même ordre? Les fleurs doubles présentent deux, trois, quatre rangs de pétales, toujours dans le même rayon, indépendamment des cinq étamines qui n'en sont point déplacées. Il est présumable que si la fleur était originairement dans le système de dix verticales, en devenant monstrueuse dans nos jardins, elle nous révèlerait quelque chose de cette organisation. Or, un examen attentif des primevères nous a convaincus de l'existence seulement de cinq rayons de pétales et étamines. La supposition du quinconce est donc fondée sur quelques probabilités.

Ne devrait-on pas expliquer de la même manière pourquoi, dans les sedum, crassula, sempervivum, il existe deux ou trois anneaux superposés et consécutifs d'étamines, de glandes nectarifères et de feuilles ovariennes? L'ordre d'alternance propre aux verticilles est ici en défaut. Mais le quinconce surbaissé s'y applique très-bien. Toutes les fois que le nombre de nectaires et d'ovaires sera pair, on devra admettre des verticilles à anneaux doubles rentrés l'un dans l'autre. Mais si ce nombre devient impair, 5, 7, 9, 11, 13, alors, ce nous semble, il est plus raisonnable de penser à l'existence d'un ordre spiral avec les divergences $\frac{2}{5}$, $\frac{2}{7}$, $\frac{2}{9}$, $\frac{2}{11}$.

3° Le quinconce a des rapports très-étroits avec le système curvisérié, qui méritent de fixer notre attention quelques instants. Et d'abord les rameaux à bois des rubus fucticosus, idæus, sont évidemment quinconciaux, tandis que les rameaux qui se terminent par une cime de fleurs sont curvisériés. Pourquoi une différence si marquée dans des rameaux voisins?

Quoique le magnolia tripetala soit ordinairement curvisérié, nous en connaissons un beau pied à feuilles disposées en quinconce. Ces deux systèmes, au reste, existent séparément dans les tiges et dans les fleurs des magnolia grandiflora, glauca, du tulipier.

Dans les fleurs des nigella damascena, orientalis, les huit spirales d'étamines qui devraient parcourir en neuf pas la demi-circonférence, atteignent à peine 6°; l'angle de la spire génératrice est alors moindre que 137° $\frac{1}{2}$. Cependant on ne peut méconnaître l'ordre curvisérié dans cette fleur et ses congénères; mais il faut qu'une cause difficile à apprécier fasse varier ici en moins la distance angulaire des feuilles, ou produise une torsion dans les spirales.

Dans les tiges d'épacris grandiflora, nous avons vu souvent les cinq spirales tourner trop peu pour un système curvisérié; alors l'angle était plus grand que celui du curvisérié, et moindre que celui du quinconce. L'un ou l'autre des deux systèmes existe dans cette plante, mais modifiés par une torsion légère.

Dans l'ombelle des feuilles terminales du cyperus papyrus, nous trouvons une disposition singulière ; la feuille huit, au lieu de dépasser la verticale, reste encore en arrière ; les feuilles cinq et dix tournent beaucoup. Ainsi, en supposant que l'axe n'ait éprouvé aucune torsion, il faudrait admettre un angle moindre que $137° \frac{1}{2}$.

Dans le scirpus sylvaticus, la spire cinq tourne tantôt convenablement dans l'épi terminal, tantôt elle tourne trop peu, et la divergence s'approche de 144°. Enfin, dans luzula nivea, outre les variations précédentes, nous avons retrouvé celles du cyperus papyrus ; la feuille treize était aussi en défaut sur la verticale. Nous notons ici ces faits pour prouver combien ce genre de recherches est quelquefois difficile, comment il s'établit quelquefois une transition insensible entre le quinconce et l'ordre curvisérié. Si la réalité n'existe pas, les apparences de la réunion des deux systèmes se présentent, car dans ces cas-là on n'aperçoit pas une torsion dans les fibres de ces plantes. Il est difficile de dire en quoi consiste ce changement d'angles : est-ce le système qui a changé, est-ce l'effet d'une torsion cachée ?

Mais, quoi qu'il en soit, les rameaux naissants du quinconce, les passages à des systèmes différents suivent toujours les règles que nous avons reconnues appartenir aux systèmes précédents.

§ II. *Des feuilles à 7, 9, 11, 13.... rangées verticales et de la manière de classer tous les systèmes spiralés possibles.*

Les systèmes suivants deviennent d'autant plus rares que le nombre des rangées verticales augmente. Nous avons observé celui à sept rangées dans gnidia simplex, erica herbacea, empetrum nigrum, cercus deppii. Il est habituel aux tiges du cierge du Pérou. La divergence de la spirale unique est toujours égale aux $\frac{2}{3}$ de la circonférence.

Nous avons observé le système des neuf verticales dans les plantes suivantes : cercus repandus, empetrum nigrum, prunus lusi-

tanica, lantana cancara, panicum miliaceum. Dans un épi de lantana, nous avons vérifié le point de départ de la première divergence.

L'angle égal à $\frac{2}{11}$ de la circonférence a été vu dans les tiges de
cactus flagelliformis, cylindricus, echinocactus lenkii, dans les
écailles du fruit de sagus raphia, dans l'épi floral du panicum miliaceum.

Nous avons observé l'angle $\frac{2}{13}$ dans les cactus flagelliformis,
echinocactus multiplex; l'angle $\frac{2}{17}$ dans cactus sulcatus, etc., etc.

Les divergences qui ont au numérateur les nombres trois,
quatre, cinq, sont si rares, que nous croyons inutile de les mentionner dans cette revue générale. Nous citerons cependant un bel
exemple d'echinocactus eyriesii à treize côtes verticales; au lieu
d'avoir une divergence égale aux $\frac{2}{13}$ de la circonférence, nous
avons rencontré sur lui cinq spires dextrorses et huit spires sinistrorses, avec une divergence égale aux $\frac{5}{13}$ de la circonférence. Cette
tige n'était point curvisériée.

Pour aider à la découverte de systèmes rectisériés nouveaux, il
ne sera pas inutile de donner ici un classement général de tous les
systèmes possibles. Ce tableau doit embrasser non seulement tous
les arrangements connus de feuilles recti ou curvisériées, mais
encore tous ceux qui, étant basés sur des nombres variables de
spirales, seraient construits d'après les règles géométriques que
nous avons exposées ailleurs.

Il existe trois méthodes de classification générale, et d'abord
nous avons adopté, pour les systèmes rectisériés, la première méthode, celle qui est basée sur la différence des divergences des spirales génératrices.

La deuxième méthode est fondée sur la diversité dans le nombre
de lignes verticales. La troisième enfin considère d'une manière
plus spéciale la nature des spirales et leurs rapports lorsqu'on en
forme des séries récurrentes.

Il y a, en effet, trois objets principaux à considérer dans la
symétrie des organes appendiculaires des végétaux : la distance
angulaire des feuilles dans la spirale primitive et, par suite, dans
toutes celles qui sont secondaires, ensuite, le nombre de rangées

verticales des feuilles ; enfin, l'harmonie qui règne dans le nombre des spirales qui embrassent ces feuilles.

A. *Première méthode.* — En classant tous les systèmes connus et possibles d'après les variations de la divergence de la spire génératrice, soit unique, soit multiple, nous formons plusieurs séries d'angles. La première série comprendra toutes les divergences ayant l'unité au numérateur, et au dénominateur le nombre de verticales de feuilles, comme il arrive dans tous les cas possibles de systèmes rectisériés. Cette première série, comme toutes celles que nous avons à former, est infinie dans ses nombres ; ses deux premiers termes sont connus ; les deux suivants n'ont pas été observés d'une manière positive dans le règne végétal. Cette série est donc composée des fractions suivantes de la circonférence $\frac{1}{2}$, $\frac{1}{3}$, $\frac{1}{4}$, $\frac{1}{5}$, $\frac{1}{6}$, etc., etc.

Leurs dénominateurs indiquent le nombre de verticales de feuilles propres à chaque divergence correspondante.

Les spirales principales observables dans ces systèmes sont d'abord une spire génératrice dextrorse ou sinistrorse, ensuite une ou plusieurs spires secondaires sinistrorses ou dextrorses, dont les nombres sont égaux aux dénominateurs de la divergence dont on retranche l'unité. La cause de cette disposition est la règle suivante connue : la somme des spires dextrorses et sinistrorses égale le nombre des verticales dans un système rectisérié. Nous formerons ainsi une série infinie correspondante de spirales dextrorses et sinistrorses, dont les nombres seront 1 et 1, 1 et 2, 1 et 3, 1 et 4, 1 et 5, etc., etc.

Enfin, nous pourrons considérer chaque divergence en particulier comme susceptible de se conjuguer à l'infini, ou de devenir bijuguée, trijuguée, quadrijuguée, etc., etc.

La deuxième série de divergences sera composée de toutes les fractions de la circonférence, ayant le nombre 2 au numérateur, et au dénominateur la suite de tous les nombres impairs possibles à partir de 5. Nous aurons ainsi $\frac{2}{5}$, $\frac{2}{7}$, $\frac{2}{11}$, $\frac{2}{13}$, etc. Le nombre de verticales correspondant est clairement indiqué par les dénominateurs.

La suite des spirales caractéristiques de chaque système, de celles qui se présenteront en premier lieu à l'observateur par la plus grande proximité de telle ou telle insertion, sera différente de celles de notre première série. Ici, en effet, la spire génératrice fait deux fois le tour de la circonférence avant d'arriver au-dessus de son point de départ. Nous aurons pour série correspondante de spirales dextrorses et sinistrorses 2 et 3, 3 et 4, 4 et 5, 5 et 6... et ainsi de suite.

La troisième série se composera de tous les systèmes ayant pour divergences, à leur spirale génératrice, la série infinie des fractions suivantes : $\frac{3}{7}$, $\frac{3}{8}$, $\frac{3}{10}$, $\frac{3}{11}$, $\frac{3}{13}$, $\frac{3}{14}$, etc., etc. Les nombres correspondants de spirales caractéristiques seront 2 et 3, 3 et 5, 5 et 7, 4 et 7, et ainsi de suite.

La quatrième série embrassera les divergences suivantes : $\frac{4}{9}$, $\frac{4}{11}$, $\frac{4}{13}$, $\frac{4}{15}$... Les spirales caractéristiques qui leur correspondent sont 2 et 7, 3 et 8, 3 et 10, 4 et 11, etc., etc., etc.

Les séries suivantes sont faciles à former d'après les mêmes principes ; on aurait à épuiser toute la suite arithmétique des nombres pour le numérateur des divergences, et au dénominateur toute celle des nombres qui sont premiers avec les numérateurs et qui forment une fraction moindre de 180° de la circonférence. Nous noterons encore que, dans toutes ces séries, sans exception, on peut encore conjuguer chaque divergence, et même la conjuguer à l'infini, en suivant toute la série des nombres 2, 3, 4, 5, etc., etc.

Tous ces calculs sur le nombre et l'espèce de systèmes spiralés de feuilles, dans l'ordre des possibilités, sont effrayants par leur profondeur. L'esprit humain rencontre l'infini à chaque pas et s'abîme dans son immensité.

B. *Deuxième méthode.* — Dans cette méthode, on classe tous les systèmes d'après la suite naturelle des nombres de verticales, nombres qui vont aussi à l'infini. Ensuite, dans un nombre donné de verticales, on examine combien d'espèces de systèmes sont possibles, chacun avec une divergence propre, une ou plusieurs spirales génératrices.

Ainsi, pour deux verticales de feuilles, nous avons un seul système, le distique. Pour trois verticales, le tristique est aussi unique. Pour quatre verticales, nous avons deux systèmes, l'un alterne avec la divergence $\frac{1}{4}$, l'autre verticillaire avec la décussation ou le bijugué du distique.

Pour 5 verticales, deux systèmes sont possibles avec les angles $\frac{1}{5}$ et $\frac{2}{5}$.

Dans le cas de 6 verticales, trois systèmes se rencontreront, l'un alterne avec la divergence $\frac{1}{6}$, deux verticillaires, le bijugué du tristique et le trijugué du distique.

Pour 7 rangées verticales, trois systèmes alternes peuvent se rencontrer avec les angles $\frac{1}{7}$, $\frac{2}{7}$, $\frac{3}{7}$, et ainsi de suite à l'infini.

C. *Troisième méthode.* — Par les méthodes précédentes, on arrive seulement à la connaissance des systèmes rectisériés ou à divergences commensurables avec la circonférence. Pour les compléter, il faudrait ajouter la série infinie des systèmes à divergences irrationnelles. La troisième méthode nous fournira les moyens de remplir cette lacune.

Nous sommes arrivés à la connaissance d'un premier angle irrationnel, celui de 137° 30' 28", en comparant entr'elles, sur la même plante ou sur des plantes différentes, les spirales apparentes des feuilles qui forment toujours une série récurrente dont les nombres sont 1, 2, 3, 5, 8, 13, etc. Nous avons vu qu'en supposant placées sur la verticale les feuilles 2, 3, 5, 8, 13... nous avions pour divergences de leur spire génératrice la série des fractions $\frac{1}{2}$, $\frac{1}{3}$, $\frac{2}{5}$, $\frac{3}{8}$, $\frac{5}{13}$, qui sont les réduites successives de la fraction continue périodique $\frac{1}{2} + \frac{1}{1} + \frac{1}{1} + \frac{1}{1} + \frac{1}{1}$, etc., etc. Mais comme, toutes les fois que le nombre des feuilles augmente, la fraction qui mesure la divergence approche du dernier terme de cette série, nous avons été obligés de reconnaître dans beaucoup de plantes, pour la divergence des feuilles, ce même dernier terme dont la formule est $\left(\frac{3 - \sqrt{5}}{2} \right)$.

La série fractionnaire $\frac{1}{2}$, $\frac{1}{3}$, $\frac{2}{5}$, $\frac{3}{8}$... va donc nous ouvrir une nouvelle manière pour classer les divergences de systèmes rectisériés possibles, tandis que son dernier terme nous donnera une espèce de divergence irrationnelle, la plus fréquente de toutes, sans contredit.

Si nous conjuguons à l'infini chacun des termes de cette série.

depuis le premier jusqu'au dernier, nous aurons encore une infinité de séries de systèmes possibles.

Avec la série récurrente 1, 3, 4, 7, 11... nous formerons de même la suite des fractions $\frac{1}{4}$, $\frac{2}{7}$, $\frac{3}{11}$, etc., dont le dernier terme sera $\left(\frac{5-\sqrt{5}}{10}\right)$; la première partie renfermera une infinité de systèmes rectisériés ; la seconde, l'angle irrationnel du sedum reflexum. En conjuguant tous ces systèmes, nous arrivons à une foule d'autres systèmes nouveaux.

Une troisième série comprendra les fractions $\frac{1}{5}$, $\frac{2}{9}$, $\frac{3}{14}$... dont le dernier terme sera $\left(\frac{7-\sqrt{5}}{22}\right)$; les spirales du système irrationnel seront 1, 4, 5, 9, 14...

Un second ordre de séries récurrentes commencera par les nombres 2, 5, 7, 12, 19... et donnera les fractions $\frac{3}{7}$, $\frac{5}{12}$, $\frac{8}{19}$... et enfin $\left(\frac{7+\sqrt{5}}{22}\right)$.

Un troisième ordre sera dû à la série récurrente 3, 7, 10, 17, 27... et fournira de même une série de fractions entières pour les divergences d'autant de systèmes rectisériés, et enfin un système irrationnel particulier.

Par ces trois méthodes, au reste, on arrive à la connaissance de tous les systèmes rectisériés possibles, et, par la dernière, seulement à celle de l'ordre curvisérié, qui lui-même peut varier à chaque instant, et, comme tous les autres, pris chacun en particulier, se multiplier ou se conjuguer à l'infini.

§ III. *Résumé et conclusions.*

La science organographique des végétaux embrasse spécialement trois choses : la structure apparente ou cachée des tissus, la diversité prodigieuse des formes des tiges, feuilles et fleurs; enfin l'arrangement corrélatif de ces parties entr'elles. Les lois de la structure intime, la mesure des formes, sont enveloppées d'une obscurité mystérieuse et ont échappé jusqu'à ce jour aux règles du calcul mathématique. Il n'en est pas de même des lois de la symétrie dans les végétaux supérieurs.

Des observations puisées dans la nature, et qui sont l'objet de notre mémoire , nous croyons pouvoir déduire les conclusions suivantes :

1° **Les systèmes** divers de feuilles alternes ou verticillaires, à spirale unique ou multiple, se partagent la symétrie connue des organes des plantes phanérogames et œthéogames.

2° **La distance** de deux feuilles qui se suivent dans une spirale est tantôt incommensurable à la circonférence, et alors chaque feuille est solitaire sur la verticale qui la contient : c'est un système curvisérié. Tantôt cette distance est une fraction rationnelle de la circonférence, et après un certain nombre de pas on trouve une feuille placée immédiatement au-dessus du point de départ : c'est un système rectisérié.

3° **La plupart** des systèmes à 4, 6, 8, 10 verticales, sont des conjugués du distique; ils sont formés de plusieurs spirales génératrices d'un nombre égal, soit qu'on les considère dans le sens dextrorse ou dans le sens sinistrorse. Il est impossible de les rapporter à une spirale unique. *Chap.* 1, § III.

4° **La plupart** des systèmes à 5, 7, 9, 11 verticales, sont des systèmes alternes ou à une spire génératrice; leur divergence est égale aux $\frac{2}{5}$, $\frac{2}{7}$, $\frac{2}{9}$, $\frac{2}{11}$... de la circonférence; leurs spirales secondaires les plus apparentes, dextrorses et sinistrorses, diffèrent, dans leur nombre, d'une unité seulement.

5° **Entre deux** systèmes consécutifs, l'inférieur fixe la position du supérieur ; il n'existe entr'eux ni prosenthèses, ni angles de transition, ni lacunes, contrairement à l'opinion de MM. Schimper et Alexandre Braun.

6° **Dans les** systèmes formés de plusieurs spires génératrices, si le point de départ de l'une d'elles est déterminé, la position du système entier est fixée irrévocablement.

7° **La dernière** feuille du système inférieur est le point de départ de la première divergence du système supérieur dans les deux cas suivants : si les deux systèmes consécutifs sont alternes ; si le système supérieur est seul verticillaire ou à spirale multiple.

8° **Lorsqu'un** système verticillaire est suivi par un système alterne, une des feuilles du dernier verticille est le point de départ de la spirale unique du second système.

9° Lorsque deux systèmes à spirales multiples se suivent, une seule des feuilles du dernier verticille est le point de départ d'une spire génératrice du second système, si les nombres des feuilles des deux verticilles consécutifs sont premiers entr'eux. Si ces nombres ont pour commun diviseur 2, 3, 4... alors 2, 3, 4 feuilles du verticille inférieur deviennent le point de départ d'autant de spires génératrices appartenant au système supérieur.

10° Il paraît que, dans certains cas, les feuilles du système verticillaire supérieur sont placées comme si ce système précédait lui-même l'inférieur.

11° Quel que soit le système, alterne ou verticillaire, curvisérié ou rectisérié, d'un rameau né à l'aisselle d'une feuille, cette dernière est toujours le point de départ de la première divergence de la spire génératrice du rameau, ou de l'une de ses spires génératrices, s'il y en a plusieurs.

D'après ce résumé rapide, nous voyons que la géométrie nous donne l'explication de tous les systèmes connus de position des feuilles. Leurs distances respectives se classent en séries qui sont les réduites de fractions périodiques continues, et dont le dernier terme est une quantité irrationnelle. On peut former un nombre infini de séries différentes ; on peut multiplier à l'infini chacun de leurs termes. Les feuilles, par leurs distances respectives, engendrent un nombre déterminé de spirales enroulées en sens différents, et réciproquement, en imaginant autour d'un cylindre tous les systèmes possibles d'hélices entrecroisés, et plaçant une feuille à chacune de leurs intersections, nous fixerons l'arrangement de tous les systèmes connus et celle d'un nombre prodigieux de systèmes inconnus, mais symétriques et analogues à ceux qui sont du domaine réel de la science. Les plantes connues embrassent spécialement le premier et le dernier terme de la première série infinie que nous avons formulée et qui a pour numérateur et pour dénominateur les différents termes de la série récurrente commençant par l'unité ajoutée une fois à elle-même.

Telle est, à nos yeux, la base philosophique d'une étendue immense sur laquelle reposent toutes nos connaissances sur la symétrie des feuilles. Le règne végétal se perd à la vérité comme un atôme dans le vaste plan des systèmes possibles, mais il n'en manifeste pas moins l'unité de type dans son origine et l'infinie variété dans ses détails. Cette théorie, d'une haute portée, est enfin une preuve nouvelle de la puissance sans limites et de la science infinie de l'auteur de tous les êtres.

EXPLICATION DES FIGURES.

PLANCHE 1.

Fig. 1. Une tige décussée ramenée théoriquement au système distique bijugué.

A, B, C, lieux d'insertions de trois feuilles distiques sur une tige dépouillée.

A', b, c, lieux d'insertions de feuilles distiques, opposées aux premières dans le même plan.

A', a', B', b', intersections des spirales des deux systèmes distiques, devenant des lieux d'insertions de feuilles, et complétant alors un système décussé.

Fig. 2. A, A', lieux d'insertions de deux feuilles distiques.

B, B', insertions de feuilles d'un second système distique.

C, C', feuilles d'un troisième système.

A, b, c, a', b', c', intersections des spirales des trois systèmes; formation théorique des verticilles ternés, qui sont ainsi le résultat de la trijugation du système distique.

Fig. 3. Parties constituantes d'une fleur d'anthoxanthum odoratum, grossies considérablement. a, bractée extérieure; b, deuxième bractée; c, d, e, f, bractées suivantes dans leur ordre d'insertion, avec leurs formes respectives, toutes vues dans leur sens transversal. g, h, deux étamines; elles sont représentées de face pour que leur formes soient plus apparentes, mais elles devraient être vues en profil. i, ovaire central, lisse et privé de suture dorsale.

Fig. 4. Coupe de la même fleur dans le sens vertical des bractées distiques et engaînantes qui la composent; les mêmes lettres représentent les bractées de la fleur précédente.

Fig. 5. Fleur d'alopecurus pratensis. A droite, fleur grossie, vue transversalement. a, première valve; b, seconde valve, soudée avec la première dans son tiers inférieur. *c*, troisième valve, portant une soie en dehors à sa base.

A gauche, coupe transversale; *a*, *b* , *c*, trois valves distiques; absence de lodicules; *i*, ovaire; trois étamines et ovaire sur le même alignement.

Fig. 6. Fleur grossie de bromus mollis. **A**, fleur vue dans sa position naturelle, à l'aisselle de la glume externe qui a été enlevée. **A**, cicatrice de la glume externe. *b*, glume interne. *c*, *c*, deux lodicules placés en devant. *d*, *d*, *d*, trois étamines dans leur position naturelle. *e*, une des bifurcations du pistil.

B. Coupe transversale de la même fleur; *a*, glume externe; *b* , glume interne; *c*, *c*, deux lodicules complétant un verticille terné. **D**, étamines, deux en arrière, une en avant, entre les deux lodicules. **E**, ovaire.

Fig. 7. Fleur grossie de bromus madritensis. **A** , fleur dans sa position naturelle, privée de la bractée - mère ou glume externe. *b*, glume interne; *c*, *c*, les deux lodicules; *d*, *d*, les deux étamines postérieures, l'intérieure manque entièrement.

B. Coupe de la fleur; *a*, glume externe; *b* , glume interne; *c*, *c* lodicules; *d*, *d*, étamines; ovaire central.

Fig. 8. **A**. Epi distique, presque uni latéral du nardus stricta. **B**. Coupe tranversale d'une fleur vue dans sa position naturelle. *a*, glume externe ou bractée-mère. *b* , glume interne. *c*, trois étamines.

Fig. 9. Nénuphar blanc. **F**. Pétiole de feuille, ayant à son aisselle un pédoncule floral. *a*, sépale extérieur et inférieur. *b* , sépale supérieur et interne ; *c*, *c*, deux sépales transversaux; *d*, *d*, *d*, quatre pétales qui alternent avec les quatre sépales; on voit en dedans la coupe de quatre autres pétales répondant aux quatre sépales. *p*, *p*, cavité longitudinale du pédoncule, partant du sépale externe, ouverte pour reconnaître la position naturelle de la fleur.

Fig. 10. Coupe théorique d'une fleur de crucifère, vue dans sa position naturelle. *a*, *a*, deux sépales externes placés verticalement; *b*, *b*, sépales transversaux; *c*, *c*, *c*, *c*, quatre pétales. *d*, *d*, deux glandes verticales; *e*, *e*, deux courtes étamines *f*, *f*, *f*, *f*, quatre longues étamines; *g*, *g*, deux glandes transversales; *h*, *h*, deux placentaires; *i*, deux valves transversales; en dedans quatre rangs de graines.

Fig. 11. Fleurs doubles d'erysimum barbarea. **A**. En *a*, sépale externe inférieur; *b*, *b*, sépales internes transversaux. *c*, pétales en séries verticales nombreuses. B. On voit en a, *a'*, les cicatrices des nombreux pétales de cette fleur portés sur un long axe.

PLANCHE 2.

Fig. 1. Tige de Magnolia grandiflora, observée après sa floraison. A. Cicatrice d'une feuille, servant de point de départ à une spirale quinconciale dextorse; 1, 2, 3, 4, feuilles successives. 5, position de la nervure médiane de la spathe; celle-ci est verticalement au-dessus de A. *a, a*, cicatrices de deux sépales externes ou du premier verticille. La spathe est implantée dans l'écartement des deux sépales. *b, b*, cicatrices de sépales du second verticille. *c, c*, sépales du troisième verticille. *d*, carpelles formant 8 spirales dextrorses et 5 sinistrorses; *e*, cicatrices laissées par la chute des étamines.

Fig. 2. Tige d'argemone mexicana.

F. Feuille qui porte la tige à son aisselle; *a*, *b*, *c*, trois feuilles successives en spirale curvisériée. *d*, *e*, *f*, sépales de la fleur. La dernière foliole *c* est placée vis-à-vis le milieu de l'écartement des sépales *d* et *f*.

Seconde fleur présentant en *a'* une seule bractée sous-florale; *b'*, *c'*, *d'*, trois sépales. La bractée *a'* répond au milieu de la distance de 120° qui sépare les sépales *b'* et *d'*.

Fig. 3. Riz cultivé. A. Tige distique, portant des fleurs à chaque nœud. *a*, bractée inférieure sous-florale; *b*, seconde bractée; *c*, glume externe; *d*, glume interne.

B. Coupe de la fleur observée dans sa position axillaire et terminale à son pédoncule. *a*, bractée adossée à la tige centrale. *b*, bractée antérieure. *c*, glume externe. *d*, glume interne, un peu recouverte par la précédente. *e, e*, deux lodicules qui complètent le premier anneau terné. La position réelle des six étamines et de l'ovaire nous est inconnue.

Pour copie conforme :

Les Secrétaires généraux du Congrès,

II. Lecoq, J.-B. Bouillet.

Clermont-Ferrand, impr. de Perol.

www.ingramcontent.com/pod-product-compliance
Lightning Source LLC
LaVergne TN
LVHW021042050726
842519LV00003B/978